高职高专国家"双高计划"建设课改教材

《UG NX 12.0 典型实例教程》
上 机 指 导

主　编　王　颖

副主编　祁　伟

参　编　董海东　贾娟娟

　　　　穆王君　贺巍亮

西安电子科技大学出版社

内 容 简 介

本书是针对《UG NX 12.0 典型实例教程》(王颖主编，西安电子科技大学出版社 2022 年 5 月出版发行)中的练习题而编写的。书中涵盖了教程中所有练习题和上机操作题的解答，便于读者课后进行复习和上机操作。

全书与《UG NX 12.0 典型实例教程》的内容一一对应，安排了 8 个项目，内容涵盖 UG NX 12.0 软件的基本操作、草图设计、实体设计、三维实体特征的编辑及操作、曲面设计、装配设计、工程图设计和模具设计等。本书通过多道典型练习题的解答，将各种常用命令进行了融合，同时也介绍了相应的操作技巧，具有较强的可操作性与实用性。

本书不仅可作为高职高专院校机电一体化技术、数控技术、模具设计与制造、计算机辅助设计与制造等专业的教材，还可作为机械设计与制造工程技术人员的自学参考书。

图书在版编目(CIP)数据

《UG NX 12.0 典型实例教程》上机指导 / 王颖主编. —西安：西安电子科技大学出版社，2022.5
ISBN 978–7–5606–6340–1

Ⅰ. ①U… Ⅱ. ①王… Ⅲ.① 计算机辅助设计—应用软件—教材 Ⅳ. ① TP391.72

中国版本图书馆 CIP 数据核字(2021)第 272238 号

策　　划　秦志峰
责任编辑　张　瑜　秦志峰
出版发行　西安电子科技大学出版社(西安市太白南路 2 号)
电　　话　(029) 88202421　88201467　　　　　邮　　编　710071
网　　址　www.xduph.com　　　　　　　　电子邮箱　xdupfxb001@163.com
经　　销　新华书店
印刷单位　陕西精工印务有限公司
版　　次　2022 年 5 月第 1 版　　2022 年 5 月第 1 次印刷
开　　本　787 毫米×1092 毫米　1/16　印张 11.5
字　　数　271 千字
印　　数　1～2000 册
定　　价　30.00 元
ISBN　978–7–5606–6340–1 / TP
XDUP 6642001–1
***如有印装问题可调换

前　言

本书以 UG NX 12.0 软件为蓝本，是针对教材《UG NX 12.0 典型实例教程》(王颖主编，西安电子科技大学出版社 2022 年 5 月出版发行)中的练习题而编写的上机指导。

全书 8 个项目，内容包括 UG NX 12.0 软件的基本操作、草图设计、实体设计、三维实体特征的编辑及操作、曲面设计、装配设计、工程图设计和模具设计等。本书通过对大量实例操作的详细讲解，将软件中的常用命令融合在一起，力图使读者在循序渐进的操作过程中掌握各命令的使用方法及技巧。全书的实例和项目末练习题都有操作视频和语音讲解，均以二维码形式呈现于书中，读者用手机扫描书中对应位置的二维码即可播放。另外，本书配套资源还有范例文件、素材文件和练习文件，其全部放置于出版社网站"本书详情"处，有需要的读者可去网站免费下载使用。

全书由陕西工业职业技术学院王颖担任主编，祁伟担任副主编，董海东、贾娟娟、穆王君、贺巍亮参加了具体编写工作。其中，项目一至三由王颖编写，项目四、五由董海东编写，项目六由祁伟编写，项目七由穆王君编写，项目八由贾娟娟编写，贺巍亮参与了部分项目内容的整理与统稿工作。

由于编者水平有限，加之时间紧迫，书中难免存在不妥或疏漏之处，恳请广大读者给予批评指正。

编　者

2022 年 1 月

目　　录

项目一　UG NX 12.0 软件的基本操作

一、学习目的

(1) 了解 UG NX 12.0 的入门简介及产品介绍。

(2) 熟悉 UG NX 12.0 的操作界面。

(3) 掌握文件管理及基本操作。

(4) 掌握图层管理及基本操作。

二、知识点

(1) UG NX 12.0 的用户界面介绍及定制。

(2) UG NX 12.0 的文件操作。

(3) UG NX 12.0 的图层管理。

三、练习题参考答案

1. 简述如何实现自定义角色的保存及调用。

答：(1) 首先根据自己的使用习惯对 UG NX 12.0 界面进行设置。

(2) 选择"菜单"下拉按钮下的"首选项"→"用户界面"命令，系统弹出"用户界面首选项"对话框，如图 1-1 所示。

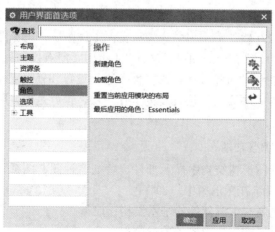

图 1-1　"用户界面首选项"对话框

(3) 在该对话框的左侧选择"角色"，在右侧选择"新建角色"，系统弹出"新建角色"对话框，在其中输入一个文件名，单击"OK"按钮即可完成角色文件的保存。

(4) 如果要加载使用自己保存的角色，可以在"用户界面首选项"对话框中选择"加载角色"，然后在弹出的"打开角色文件"对话框中选择要加载的角色文件即可。

2. 当前功能区有一个图标未显示出来，怎样将其在功能区中显示出来？

答：如果我们在使用 UG NX 12.0 软件的过程中，发现当前功能区有一个要用的工具图标未显示出来，可以先在该功能区中单击鼠标右键，然后在弹出的菜单中选择"定制"命令，会弹出"定制"对话框，如图 1-2 所示。在该对话框的左侧命令列表中选择需要的选项卡，并按住鼠标左键，将其拖拽至需要的功能区位置即可。

图 1-2 　"定制"对话框

3. 在图层管理操作中，我们可以针对哪一种显示状态图层上的图素进行修改？

答：在 UG NX 12.0 软件中，图层分为三类：工作图层、可见图层、不可见图层。在一个部件的所有图层中，只有一个图层是当前工作图层，所有操作只能在工作图层上进行，而其他图层则可以对它们的可见性、可选择性等进行设置和辅助工作。所以，要对某一层进行设置和编辑操作，首先要将该层设置为工作图层，也就是说，图层设置都是对工作图层的设置。

4. 部件导航器有哪些功能？

答：(1) 在详细的图形树结构中显示部件，特征、视图、图纸、用户表达式、引用集以及不使用的项都会显示在图形树中；

(2) 可以方便地更新和了解部件的基本结构；

(3) 可以选择和编辑图形树中的各项参数；

(4) 可以重新安排部件的组织方式。

补 充 习 题

(一) 选择题

1. 在 NX 的用户界面里，哪个区域提示你下一步该做什么？(　　)
A. 信息窗口　　　　　　　　　　　B. 提示栏
C. 状态栏　　　　　　　　　　　　D. 部件导航器

2. 欲使得一个层里面的对象显现出来，应该通过(　　)来实现。
A. 层设置对话框　　　　　　　　　B. 对象/特征属性对话框
C. 特征设置对话框　　　　　　　　D. 对象设置对话框

3. 你已经在图形窗口中选择了一个对象，并需要确认你的选择，接受选择的方法是(　　)。
A. 单击"OK"按钮　　　　　　　　B. 单击鼠标中键
C. 单击鼠标左键，然后单击鼠标中键
D. 单击鼠标左键，再次选择对象，然后单击鼠标中键

4. 资源条有哪些内容？(　　)
A. 对话框　　　B. 导航器　　　C. 菜单条　　　D. 面板

5. 在建模模块中，下列哪些操作可以平移模型？(　　)
A. 单击鼠标中键　　　　　　　　　B. 按鼠标右键 + 鼠标中键
C. 按鼠标左键 + 鼠标中键　　　　　D. 按 Shift + 鼠标中键

6. 怎样打开一个已存在的部件文件？(　　)
A. 选择"文件"→"打开"　　　　　B. 选择"格式"→"打开部件"
C. 在标准工具条上单击打开图标　　D. 在标准工具条上单击访问部件图标
E. 从资源条拖拽一个部件文件到图形区域

7. 部件导航器具有下列功能(　　)。
A. 在单独的窗口中显示部件的特征历史　　B. 在单独的窗口中显示部件的装配结构
C. 让用户在特征上执行操作　　　　　　　D. 显示特征间的父子关系

(二) 判断题

1. 当你正常退出 UG NX 12.0 软件界面时，用户界面外观、布局、尺寸以及布置默认会被保存。(　　)

2. 如果在某层中的几何对象被添加到另一图层的草图中，该几何体会继续留在原图层中。(　　)

3. 提示栏和状态栏可以水平或垂直放置在任何地方。(　　)

4. 修改客户默认设置对话框的设置后，设置将立即生效。(　　)

5. 在 NX 窗口中可以水平地或垂直地将工具条停靠，也可以使工具条释放移动。(　　)

6. 可以通过设置控制当前工具条状态在退出 NX 时是否保存。(　　)

7. 资源条的位置不能改变，只能放在左边。（　　　）

8. 保存部件文件时，不管之前有没有激活延迟更新命令，模型都会自动更新。（　　　）

9. 任何时候，工作层只能有一个。（　　　）

10. UG NX 12.0 软件强制用户在不同的图层中存放不同种类的对象。（　　　）

(三) 填空题

1. 当按住鼠标右键时，基于不同的选择对象，在光标周围将出现由几个按钮组成的_____。

2. 使用_____可以从多个对象中选择一个特定对象或是多个对象。

3. 运用_____功能，便可最大程度地简化 UG NX 12.0 软件的用户界面，此时，菜单栏以及工具栏中仅列出对用户必要的一些操作功能。

4. 资源条主要由_____、_____和_____三部分组成。

5. 资源条上的_____使用户能够迅速打开近期使用过的文件。

6. _____在一个单独的窗口中以树形格式直观地再现了工作部件中的特征间父子关系，部件中的每个特征在模型树上显示为一个节点。

7. UG NX 12.0 软件中共有_____个层，每个层上的对象数量没有限制。

四、思政小课堂

本项目课程思政内容设计围绕 UG NX 12.0 软件的基本操作进行讲授，引入我国从制造业白手起家，到成为全球唯一拥有全产业链的国家，再到今天逐步从制造业大国迈向制造业强国的伟大变迁，引导学生在形成专业认知的同时，深刻体会新中国成立以来中国共产党带领人民所取得的辉煌成就，切实增强制度自信、道路自信。

补充习题参考答案

项目二 草 图 设 计

一、学习目的

(1) 掌握进入草绘模块的操作步骤。

(2) 了解参数化草图绘制的基本步骤，熟悉草绘工具栏中的各个图标按钮及有关命令的使用。

(3) 掌握草图的绘制、编辑及尺寸标注的方法。

(4) 掌握各种几何约束的使用方法和绘图技巧，提高绘图的准确性和工作效率。

二、知识点

1. 编辑草图中相关设置的两种方式

(1) 编辑当前草图时，在前一界面下单击主菜单中的"编辑"→"设置"命令，可以对当前活动草图进行相关设置。

(2) 如果是在绘制草图前进行设置，也可以使用主菜单中的"首选项"→"草图"命令。

2. 草图绘制的典型步骤

(1) 选择草图平面或路径。

(2) 选取相应的定位选项。

(3) 创建草图几何图形。根据设置，草图自动创建若干约束。

(4) 添加、修改或删除约束。

(5) 根据设计意图修改尺寸参数。

(6) 完成草图绘制。

3. 复制、移动、编辑草图对象的快捷操作

复制、移动、编辑草图对象的快捷操作见表 2-1。

表 2-1 复制、移动、编辑草图对象的快捷操作

目 的	操 作
移动曲线、点或尺寸	拖动曲线、点或尺寸
在捕捉时竖直或水平移动曲线或点	按住 Shift 键，拖动曲线或点
不捕捉时竖直或水平移动曲线或点	按住 Shift + Alt 键，拖动曲线或点

续表

目　　的	操　　作
复制曲线或点	按住 Ctrl 键，拖动曲线或点
不捕捉时竖直或水平复制曲线或点	按住 Ctrl + Shift 键，拖动曲线或点
编辑对象	双击对象
选择命令	鼠标右键单击对象

4. 草图约束

1) 约束功能

在草图绘制过程中，灵活、适当地使用约束，可以实现：

(1) 用约束创建参数驱动的设计，使草图更新比较容易。

(2) UG NX 软件在绘图过程中会评估约束，以确保这些约束完整且不冲突。

2) 约束技巧

绘制时最好还是完全约束草图，完全约束的草图可以确保设计更改过程中始终能够找到解。如何约束草图以及草图过约束时的处理技巧：

(1) 可将自动和驱动尺寸以及约束结合使用，以完全约束草图。

(2) 一旦碰到过约束或冲突的约束状态，应立即删除一些尺寸或约束，以解决问题。

三、练习题参考答案

(一) 简答题

1. 直接草图和草图任务环境下绘制有什么区别？

答：直接草图组和草图任务环境提供了两种用于创建和编辑草图的模式。

1) 直接草图

草图命令分组在主页选项卡的直接草图组中，如图 2-1 所示，用于创建最基本草图的命令直接显示在组中。要使用直接草图命令创建草图，在建模和其他应用模块中单击主页选项卡下"直接草图"组中的草图命令。

图 2-1　"直接草图"选项组

当进行以下操作时，可使用直接草图组：

(1) 在建模、外观造型设计或钣金应用模块中创建或编辑草图。

(2) 查看草图更改对模型的实时影响。

2) 草图任务环境

在主页选项卡中，草图任务环境中的命令分列成多个组，这样便于访问带状工具条上的高级命令，如图 2-2 所示。

图 2-2 草图环境带状工具条

可以使用以下任一方法访问草图任务环境：

(1) 在"曲线"选项卡中选择在任务环境中绘制草图命令。

(2) 在"创建特征"对话框中单击草图截面按钮，这样可使用草图任务环境在特征内部创建草图。使用直接草图进行编辑时，请选择在任务环境中打开草图命令。

(3) 鼠标右键单击现有草图，然后选择可回滚编辑，可使用草图任务环境编辑草图。

要执行以下操作时可以使用任务环境草图：

① 编辑内部草图。

② 尝试对草图进行更改，但保留该选项以放弃所有更改。

③ 在其他应用模块中创建草图。

2. 基于平面绘制草图和基于路径绘制草图有什么不同？该如何选择？

答：(1) 基于平面绘制草图：是指在现有平面上构建草图，或在新草图平面/现有草图平面上构建草图，这是大多数情况下的默认选择。如果草图是下面定义部件的基本特征，则在适当的基准平面或基准坐标系中创建草图；如果草图已经被添加到现有基本特征上，则选择一个现有基准平面或部件面，或创建一个新的与现有基准平面或部件几何体有适当关系的基准平面。

(2) 基于路径绘制草图：这是一种特定类型的受约束草图，可用来创建用于变化扫掠特征的轮廓，也可以用基于路径绘制草图为拉伸和旋转等特征定位草图。

3. 如何进行草图编辑？内部草图和外部草图的编辑操作有什么区别？

答：打开草图进行编辑时，一次只能有一个草图是活动的。当草图处于活动状态时，就可以对草图进行编辑修改。激活草图的方式取决于这个草图是内部的还是外部的。

1) 内部草图

在部件导航器中，右键单击草图特征，然后选择编辑草图；或者在部件导航器或图形窗口中，双击草图特征。

2) 外部草图

在"建模"中，可使用多种方法打开外部草图，例如：

(1) 在图形窗口中双击一条草图曲线。

(2) 从部件导航器中双击草图特征。

(3) 右键单击一个草图，然后选择编辑。

(二) 上机操作题

1. 绘制如图 2-3 所示的草图练习 1。

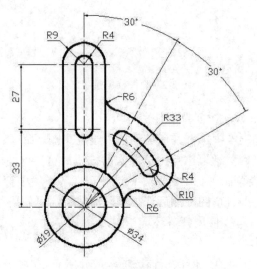

草图练习 1

图 2-3　草图练习 1

绘制步骤:

1) 进入草图环境

单击选项卡"主页"→"直接草图"→"草图"按钮▧，选择基准 XC-YC 平面为草图平面，进入草绘环境。

2) 绘制同心圆

单击选项卡"主页"→"直接草图"→"圆"按钮○，以草图原点为圆心分别绘制ϕ19 和ϕ34 的同心圆，在上方圆心坐标(X0，Y60)和(X0，Y33)的位置处继续绘制ϕ8 和ϕ18 的同心圆，结果如图 2-4 所示。

3) 绘制直线

单击选项卡"主页"→"直接草图"→"直线"按钮／，绘制上一步圆的切线，然后利用"修剪"▵命令把多余线条修剪掉，结果如图 2-5 所示。

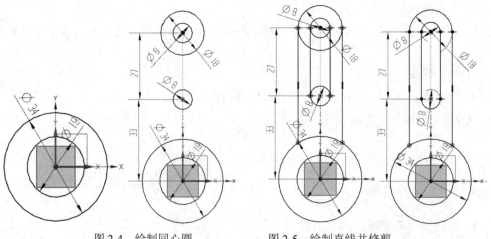

图 2-4　绘制同心圆　　　　图 2-5　绘制直线并修剪

4) 绘制参考线

单击选项卡"主页"→"直接草图"→"圆弧"按钮，单击"中心和端点定圆弧"按钮，选择草图原点为圆心，绘制半径为 R33 的 1/4 的圆弧；运用直线命令绘制与 X 轴夹角为 30°的直线，选择圆弧和直线，单击右键快捷菜单选择"转化为参考"，将图元转化为参考线，结果如图 2-6 所示。

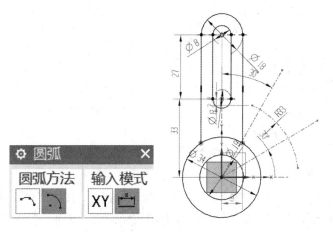

图 2-6　绘制圆弧并转化成参考线

5) 绘制偏置线

单击选项卡"主页"→"直接草图"→"偏置曲线"按钮 偏置曲线，打开"创建偏置曲线"对话框，选择 R33 的圆弧，偏置距离为 4，进行对称偏置；重复操作，单向偏置，距离为 10，相关设置及结果如图 2-7 所示。

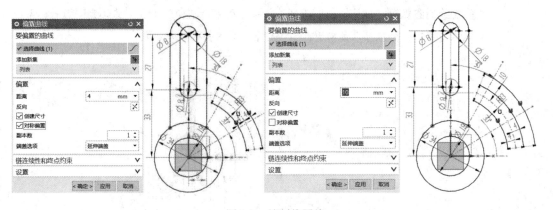

图 2-7　绘制偏置线

6) 绘制圆

单击选项卡"主页"→"直接草图"→"圆"按钮○，在两条参考线的交点处绘制 R4 的圆和 R10 的圆，然后利用"修剪" 命令把多余线条修剪掉，结果如图 2-8 所示。

注意：为了方便捕捉所需的交点位置，可以在绘图区上方的边框条里选中"交点" 按钮，增加交点捕捉功能，方便操作。

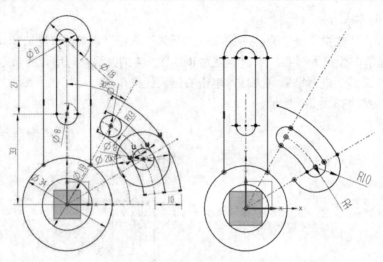

图 2-8　绘制圆并修剪

7) 绘制过渡圆弧

单击选项卡"主页"→"直接草图"→"圆角"按钮 ，在"圆角"对话框中选择"修剪"模式，分别选择下方 $\phi34$ 的圆和右侧 R10 的圆弧来创建圆角，半径设置为 R6。在"圆角"对话框中选择"取消修剪"模式，分别选择上方直线段和偏置出的 R43 的圆弧来创建过渡圆角，半径设置为 R6。单击选项卡"主页"→"直接草图"→"快速修剪"按钮 ，将多余的线条修剪掉，结果如图 2-9 所示。至此，绘制完成，检查后单击"完成草图"按钮 ，退出草图绘制环境。

注意：也可以使用"圆弧"命令创建过渡圆弧，绘制时如果没有自动捕捉到切点位置，就必须在绘制圆弧后，自己添加"相切"约束。而用"圆角"命令创建过渡圆弧时，系统默认为相切状态，可以自动引入相切约束，大大提高了设计效率。

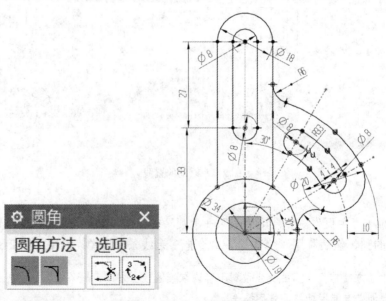

图 2-9　绘制相切圆弧并修剪

2. 绘制如图 2-10 所示的草图练习 2。

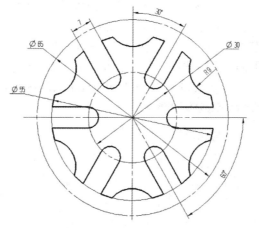

草图练习 2

图 2-10 草图练习 2

1) 进入草图环境

单击选项卡"主页"→"直接草图"→"草图"按钮，选择基准 XC-YC 平面为草图平面，进入草图绘制环境。

2) 绘制同心圆

单击选项卡"主页"→"直接草图"→"圆"按钮○，以草图原点为圆心绘制$\phi65$、$\phi55$ 和$\phi30$ 的三个同心圆，并使用右键快捷菜单中的"转换为参考"命令，将$\phi30$ 的圆和$\phi65$ 的圆转化为参考，结果如图 2-11 所示。

3) 绘制 R9 的圆

单击选项卡"主页"→"直接草图"→"圆"按钮○，以$\phi65$ 的圆周象限点为圆心绘制$\phi18$ 的圆，结果如图 2-12 所示。

💡 **注意**：为了便于选择所需的象限点，可以在绘图区上方的边框条里增加选中"象限点"○按钮，增加象限点捕捉功能，方便操作。

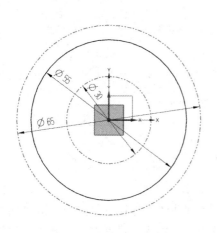

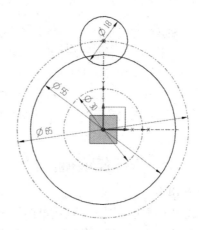

图 2-11 绘制同心圆　　　　　　　图 2-12 绘制象限点处的圆

4) 阵列图形

　　单击选项卡"主页"→"直接草图"→"阵列曲线"按钮 ，弹出"阵列曲线"对话框，如图 2-13 所示。在图形中选择 $\phi18$ 的圆，然后在对话框中"阵列定义"选项组的"布局"下拉列表中选择"圆形"选项；在"旋转点"子选项区域中单击"指定点"标识选项，选择大圆圆心(位于草图原点)为旋转点；在"斜角方向"子选项区域的"间距"下拉列表中选择"数量和间隔"选项，设置数量为 6，节距角为 60°，阵列图形结果如图 2-14 所示。

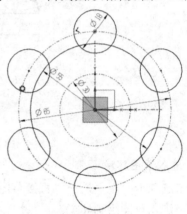

图 2-13　"阵列曲线"对话框及设置　　　　图 2-14　阵列图形结果

5) 绘制 $\phi7$ 的圆

　　单击选项卡"主页"→"直接草图"→"圆"按钮○，以 $\phi30$ 的圆周象限点为圆心绘制 $\phi7$ 的圆，结果如图 2-15 所示。

6) 绘制直线

　　单击选项卡"主页"→"直接草图"→"直线"按钮 ／，绘制 $\phi7$ 圆的两条平行切线，结果如图 2-16 所示。

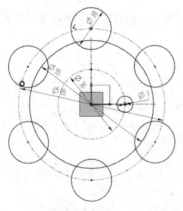

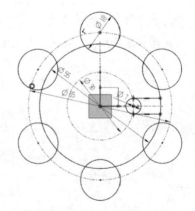

图 2-15　绘制圆　　　　　　　　图 2-16　绘制切线

7) 阵列图形

　　单击选项卡"主页"→"直接草图"→"阵列曲线"按钮 ，弹出"阵列曲线"对话框，如图 2-17 所示。在绘图区中选择 $\phi7$ 圆及切线，然后在对话框中"阵列定义"选项组的"布局"下拉列表中选择"圆形"选项；在"旋转点"子选项区域中单击"指定点"标识选项，选择大圆圆心(位于草图原点)为旋转点；在"斜角方向"子选项区域的"间距"下拉列表中选择"数量和间隔"选项，设置数量为6，节距角为60°，阵列图形结果如图2-18所示。

图 2-17 "阵列曲线"对话框及设置

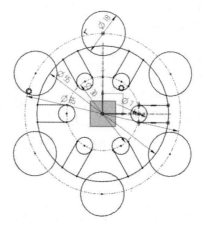

图 2-18 阵列图形结果

8) 修剪多余曲线

单击选项卡"主页"→"直接草图"→"快速修剪"按钮\，修剪多余曲线，如图2-19所示。至此，绘制完成，检查后单击"完成草图"按钮，退出草图绘制环境。

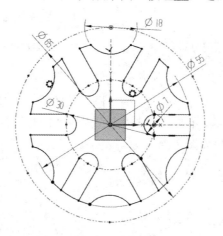

图 2-19 修剪结果

3. 绘制如图 2-20 所示的草图练习 3。

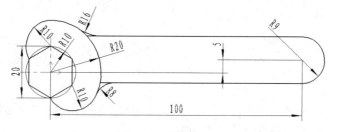

草图练习3

图 2-20 草图练习 3

绘制步骤如下：

1) 进入草图环境

单击选项卡"主页"→"直接草图"→"草图"按钮📇，选择基准 XC-YC 平面为草图平面，进入草绘环境。

2) 绘制同心圆

单击选项卡"主页"→"直接草图"→"圆"按钮〇，在草图原点处绘制ϕ18 的圆。继续以坐标位置(X-100，Y-5)为圆心绘制ϕ20 与ϕ40 的同心圆，结果如图 2-21 所示。

3) 绘制多边形

单击选项卡"主页"→"直接草图"→"多边形"按钮⊙，以左侧同心圆的圆心为中心绘制六边形，对话框中各项设置及结果如图 2-22 所示。

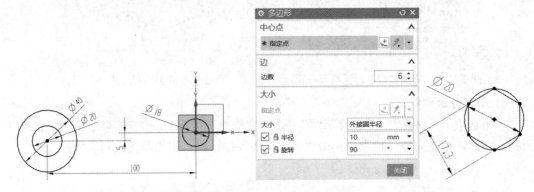

图 2-21　绘制圆　　　　　　　　　　　　图 2-22　绘制多边形

4) 绘制ϕ20 圆并修剪

单击选项卡"主页"→"直接草图"→"圆"按钮〇，以多边形的两个顶点为圆心绘制ϕ20 的圆，如图 2-23 所示。单击选项卡"主页"→"直接草图"→"快速修剪"按钮⌦，将多余的线条修剪掉，结果如图 2-24 所示。

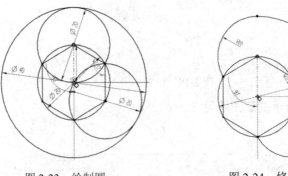

图 2-23　绘制圆　　　　　　　　图 2-24　修剪结果

5) 绘制直线

单击选项卡"主页"→"直接草图"→"直线"按钮✏，绘制右侧ϕ18 圆的两条平行切线，另一端点落在左侧圆弧上，结果如图 2-25 所示。

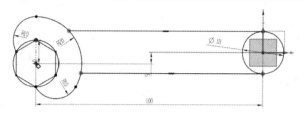

图 2-25　直线绘制

6) 绘制过渡圆角

单击选项卡"主页"→"直接草图"→"圆角"按钮⌐,圆角方法选择"取消修剪",依次旋转上方水平线与 R20 的圆弧作出过渡圆角,半径为 16,同理,作出下方过渡圆角,半径为 8,如图 2-26 所示。

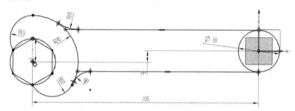

图 2-26　过渡圆角绘制

7) 修剪线条

单击选项卡"主页"→"直接草图"→"快速修剪"按钮,将过渡圆角处多余的线条修剪掉,结果如图 2-27 所示。检查后单击"完成草图"按钮,退出草图绘制环境。

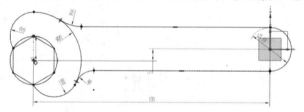

图 2-27　绘制完成结果

4. 绘制如图 2-28 所示的草图练习 4。

草图练习 4(1)　　草图练习 4(2)

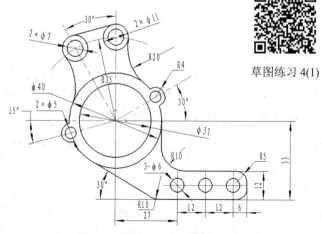

图 2-28　草图练习 4

绘制步骤如下：

1）进入草图环境

单击选项卡"主页"→"直接草图"→"草图"按钮 ，选择基准 XC-YC 平面为草图平面，进入草绘环境。

2）绘制圆

单击选项卡"主页"→"直接草图"→"圆"按钮 ，以草图原点为圆心绘制 φ31 和 φ40 的圆，如图 2-29 所示。

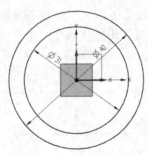

图 2-29　绘制同心圆

3）绘制参考线

单击选项卡"主页"→"直接草图"→"直线"按钮 ，分别绘制与 X 轴夹角为 30°的直线和与 X 轴负向夹角为 15°的直线；选择两直线，单击鼠标右键"转化为参考"命令，将两直线转化为参考线，结果如图 2-30 所示。

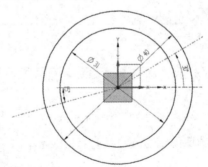

图 2-30　绘制参考线

4）绘制同心圆并进行修剪

单击选项卡"主页"→"直接草图"→"圆"按钮 ，以两条辅助线与 φ40 圆的交点为圆心，绘制两个同心圆，直径分别为 5 和 8；单击选项卡"主页"→"直接草图"→"快速修剪"按钮 ，将多余线条修剪掉，结果如图 2-31 所示。

注意：为了方便捕捉所需的交点，可以在绘图区上方的边框条里选中"交点" 按钮，增加"交点捕捉"功能，方便操作。

5）再次绘制辅助线

单击选项卡"主页"→"直接草图"→"直线"按钮 ，绘制与 Y 轴夹角为 30°的直线；单击选项卡"主页"→"直接草图"→"圆弧"按钮 ，点击"中心和端点定圆弧"

按钮 ，选择草图原点为圆心，绘制半径为 35 的一段圆弧；之后选择刚刚绘制完成的直线和圆弧，然后单击鼠标右键，将它们都转换成参考线，结果如图 2-32 所示。

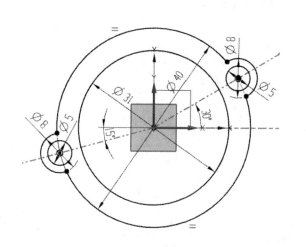
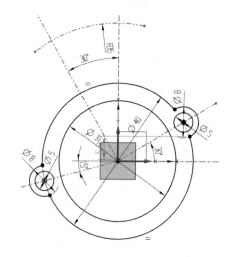

图 2-31 绘制同心圆并修剪   图 2-32 绘制辅助线

6) 绘制圆

单击选项卡"主页"→"直接草图"→"圆"按钮 ，分别以上一步创建的两条辅助线的交点及圆弧辅助线与 Y 轴的交点为圆心，绘制两个 ϕ11 和 ϕ7 的同心圆，结果如图 2-33 所示。

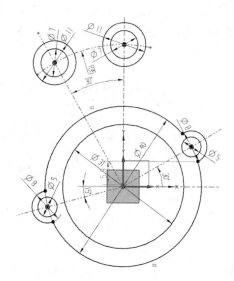

图 2-33 绘制同心圆

7) 绘制过渡圆弧和公切线

单击选项卡"主页"→"直接草图"→"圆角"按钮 ，圆角方法选择"取消修剪"，作出上方两个 ϕ11 的圆和中心 ϕ40 的圆之间的过渡圆角，半径均为 20；然后单击选项卡"主页"→"直接草图"→"直线"按钮 ，捕捉直线上切点，绘制上方两个 ϕ11 的圆的公切线，结果如图 2-34 所示。

8) 绘制直线

单击选项卡"主页"→"直接草图"→"直线"按钮 ✏，在草图右下方绘制两条平行线和一条与水平线夹角为 30° 的圆的切线，相关尺寸如图 2-35 所示。

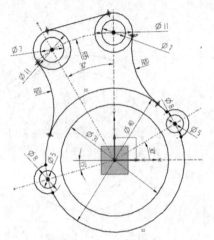
图 2-34　绘制过渡圆弧和公切线

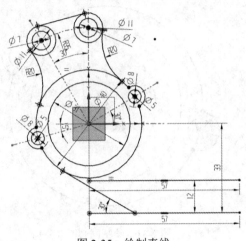
图 2-35　绘制直线

9) 绘制圆并阵列

单击选项卡"主页"→"直接草图"→"圆"按钮 ◠，绘制直径为 6 的圆，相关尺寸约束如图 2-36 所示。单击选项卡"主页"→"直接草图"→"阵列曲线"按钮 ◢，弹出"阵列曲线"对话框，选择直径为 6 的圆，然后在对话框中"阵列定义"选项组的"布局"下拉列表中选择"线性"选项，方向选择 X 轴方向，数量为 3，节距为 12 mm，阵列结果如图 2-37 所示。

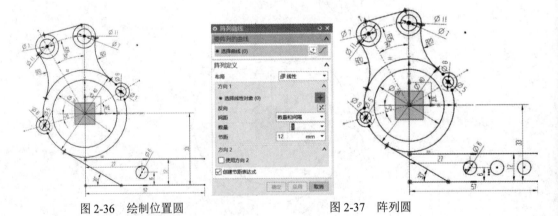
图 2-36　绘制位置圆　　　　　　　　　　　　　　　图 2-37　阵列圆

10) 绘制圆角

单击选项卡"主页"→"直接草图"→"圆角"按钮 ⌐，在"圆角"对话框中选择"修剪"模式，分别选择下方两平行直线右端来创建圆角，半径设置为 6。同样的方法绘制下方直线与斜线之间的过渡圆角，半径设置为 10。在"圆角"对话框中选择"取消修剪"模式，分别选择上方直线段和 $\phi40$ 的圆来创建过渡圆角，半径设置为 10，单击选项卡

"主页"→"直接草图"→"快速修剪"按钮\,，将多余线段修剪掉，结果如图 2-38 所示。检查图形后单击"完成草图"按钮▓，退出草图绘制环境。

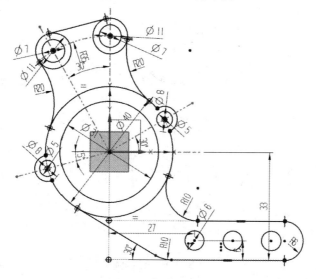

图 2-38　绘制圆角

5. 绘制如图 2-39 所示的草图练习 5。

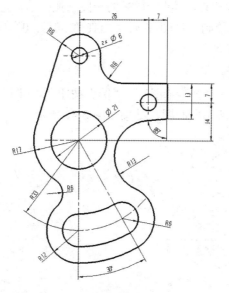

草图练习 5

图 2-39　草图练习 5

绘制步骤如下：

1) 进入草图环境

单击选项卡"主页"→"直接草图"→"草图"按钮▓，选择基准 XC-YC 平面为草图平面，进入草绘环境。

2) 绘制圆

单击选项卡"主页"→"直接草图"→"圆"按钮○，以草图原点为圆心绘制 $\phi21$ 和

φ34 的同心圆，继续以上方坐标位置为(X0，Y29)的点为圆心，绘制φ6 和φ16 的同心圆，再在右方绘制一个φ6 的圆，尺寸约束及结果如图 2-40 所示。

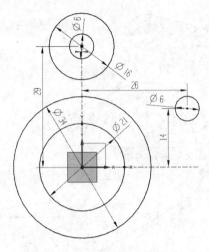

图 2-40　绘制圆

3) 绘制辅助线

单击选项卡"主页"→"直接草图"→"圆弧"按钮，再单击"中心和端点定圆弧"按钮，选择草图原点为圆心，绘制 R33 的一段圆弧；单击选项卡"主页"→"直接草图"→"直线"按钮，绘制与草图 Y 轴负向夹角 30°、0° 的两条直线，并将圆弧与直线转化为参考，如图 2-41 所示。

4) 绘制同心圆

单击选项卡"主页"→"直接草图"→"圆"按钮，以上一步的参考线交点为圆心，分别绘制出φ24 和φ12 的两个同心圆，结果如图 2-42 所示。

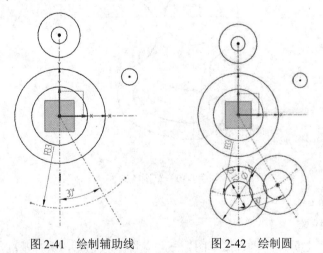

图 2-41　绘制辅助线　　　　　　　　图 2-42　绘制圆

5) 偏置曲线

单击选项卡"主页"→"直接草图"→"草图曲线"下拉按钮 ▾ →"偏置曲线"按钮，将 R33 辅助线对称偏置 6mm，单侧向下偏置 12mm，相关设置如图 2-43 所示。

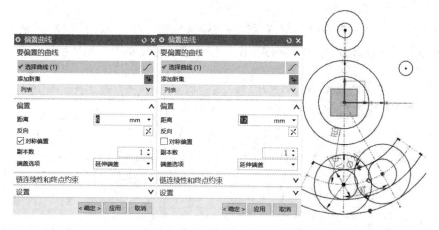

图 2-43　偏置辅助线

6) 修剪两端多余线条

单击选项卡"主页"→"直接草图"→"快速修剪"按钮，修剪多余部分，修剪结果如图 2-44 所示。

7) 绘制右上方直线段

单击选项卡"主页"→"直接草图"→"直线"按钮，绘制右上方两条直线段和一条与竖直线夹角为 85°的斜线，结果如图 2-45 所示。

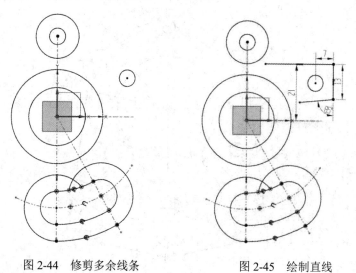

图 2-44　修剪多余线条　　　　　图 2-45　绘制直线

8) 绘制过渡圆角及公切线

单击选项卡"主页"→"直接草图"→"圆角"按钮，绘制各处过渡圆角。先在"圆角"对话框中选择"修剪"模式，分别选择左下方 ϕ34 的圆和 ϕ24 的圆，半径设置为 6；同样的方法绘制右下方 ϕ24 的圆与 85° 斜线之间的过渡圆角，半径设置为 13；绘制上方 ϕ16 的圆与水平直线之间的过渡圆角，半径设置为 8；然后分别选择左上方 ϕ16 的圆和 ϕ34 的圆，创建两圆的公切线，结果如图 2-46 所示。

9) 修剪图面多余线条

单击选项卡"主页"→"直接草图"→"快速修剪"按钮 ，修剪多余线条，结果如图 2-47 所示。检查图形后单击"完成草图"按钮 ，退出草图绘制环境。

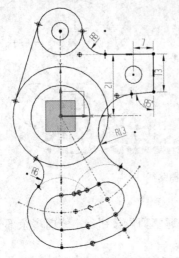

图 2-46　绘制过渡圆角及公切线

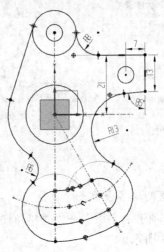

图 2-47　修剪曲线

6. 绘制如图 2-48 所示的草图练习 6。

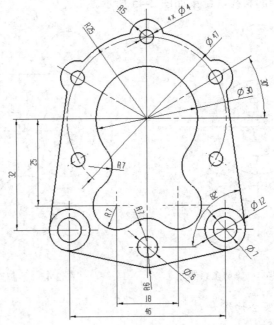

图 2-48　草图练习 6

草图练习 6

绘图步骤如下：

1) 进入草图环境

单击选项卡"主页"→"直接草图"→"草图"按钮 ，选择基准 XC-YC 平面为草图平面，进入草绘环境。

2) 绘制同心圆

单击选项卡"主页"→"直接草图"→"圆"按钮⊙，以草图原点为圆心绘制φ30、φ47和φ50的三个同心圆，并将φ47的圆选中，单击鼠标右键"转化为参考"命令，将它设置为参考线，结果如图2-49所示。

3) 绘制圆

单击选项卡"主页"→"直接草图"→"圆"按钮⊙，以φ47圆上方的象限点为圆心，绘制φ4、φ10的两个圆，结果如图2-50所示。

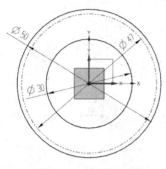 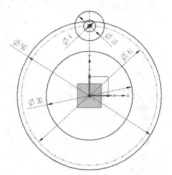

图2-49 绘制同心圆　　　　　图2-50 绘制圆

4) 旋转复制圆

选择主菜单"编辑"→"移动对象"按钮，弹出"移动对象"对话框，如图2-51所示。在绘图区中选择φ10的圆，然后在对话框中"变换"选项组的"运动"下拉列表中选择"角度"选项；在"指定轴点"处选择大圆圆心(位于草图原点)为旋转点；输入角度为60°，"结果"选项组中选择"复制原先的"，即可旋转60°复制出一个圆。单击对话框中的"应用"按钮后，将角度改为"-60°"，在对称位置又复制出一个圆，结果如图2-52所示。

注意：曲线编辑的很多操作都可以通过鼠标右键快捷菜单实现，比如移动对象，我们也可以直接选择该曲线后，单击鼠标右键，在快捷菜单中选择"移动对象"命令。

 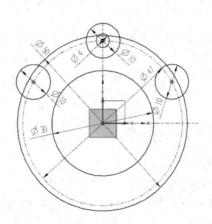

图2-51 "移动对象"对话框　　　　　图2-52 旋转复制结果

5) 阵列ϕ4 圆

单击选项卡"主页"→"直接草图"→"阵列曲线"按钮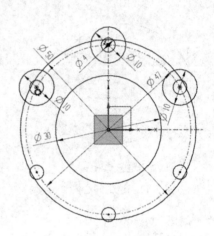，弹出"阵列曲线"对话框。在绘图区中选择ϕ4 圆，在对话框中"阵列定义"选项组的"布局"下拉列表中选择"圆形"选项；在"旋转点"子选项区域中选择大圆圆心(位于草图原点)为旋转点；在"斜角方向"子选项区域的"间距"下拉列表中选择"数量和间隔"选项，设置数量为 6，节距角为60°，如图 2-53 所示。

图 2-53　阵列图形

6) 绘制圆

单击选项卡"主页"→"直接草图"→"圆"按钮，以坐标(9，-25)为圆心绘制ϕ14 的圆，以坐标(X23，Y-32)为圆心绘制ϕ12 与ϕ7 的同心圆，结果如图 2-54 所示。

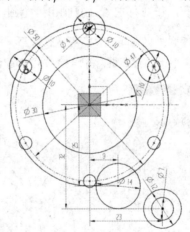

图 2-54　绘制位置圆

7) 镜像图形

单击选项卡"主页"→"直接草图"→"镜像曲线"按钮，弹出"镜像曲线"对话框，选择上一步绘制的圆作为要镜像的曲线，选择草图 Y 轴作为镜像中心线，镜像结果如图 2-55 所示。

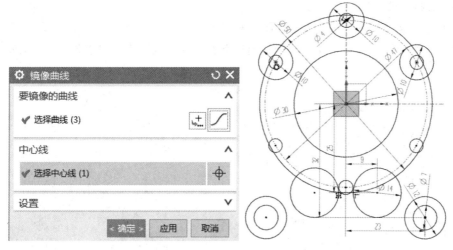

图 2-55 镜像图形

8) 绘制过渡圆角

单击选项卡"主页"→"直接草图"→"圆角"按钮⌐,绘制各处过渡圆角。先在"圆角"对话框中选择"修剪"模式,分别选择左下方ϕ14 的圆和ϕ30 的圆,半径设置为 7;同样的方法绘制右下方ϕ14 的圆与ϕ30 的圆之间的过渡圆角,半径设置为 7;绘制两个ϕ14 的圆之间的过渡圆角,半径设置为 7;结果如图 2-56 所示。

9) 修剪图面多余线条

单击选项卡"主页"→"直接草图"→"快速修剪"按钮,修剪多余线条,结果如图 2-57 所示。

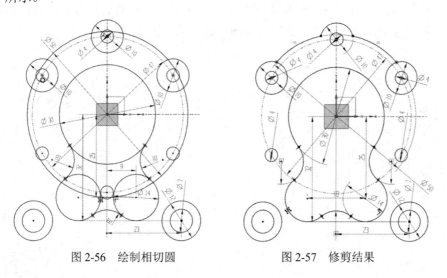

图 2-56 绘制相切圆   图 2-57 修剪结果

10) 绘制各处相切线

单击选项卡"主页"→"直接草图"→"直线"按钮,在草图左右两边绘制与 X 轴夹角 82° 的圆的切线,接着绘制草图下方左右两侧ϕ12 的圆的切线,结果如图 2-58 所示。

11) 绘制过渡圆角

单击选项卡"主页"→"直接草图"→"圆角"按钮⌐,绘制各处过渡圆角。先在"圆角"对话框中选择"修剪"模式,分别选择下方两条切线,半径设置为6;结果如图2-59所示。

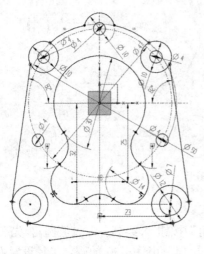

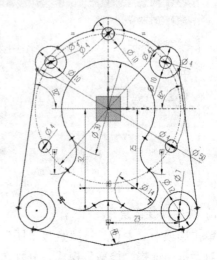

图 2-58　绘制切线　　　　　　　　　　　　图 2-59　绘制过渡圆角

12) 绘制φ6 圆

单击选项卡"主页"→"直接草图"→"圆"按钮◯,以上一步所作圆弧的圆心为圆心绘制φ6 的圆,如图 2-60 所示。

13) 修剪多余曲线

单击选项卡"主页"→"直接草图"→"快速修剪"按钮修剪多余线条,如图 2-61所示。检查图形后单击"完成草图"按钮▨,退出草图绘制环境。

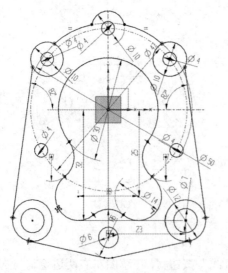

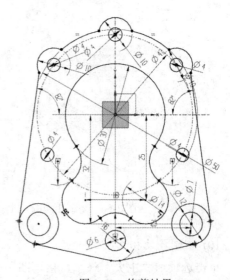

图 2-60　绘制同心圆　　　　　　　　　　　图 2-61　修剪结果

7. 绘制如图 2-62 所示的草图练习 7。

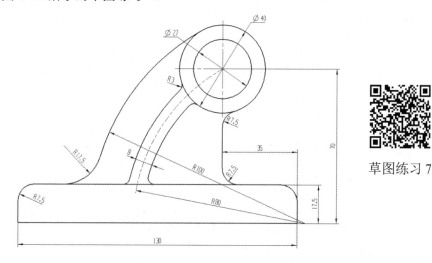

草图练习 7

图 2-62 草图练习 7

绘制步骤如下：

1) 进入草图环境

单击选项卡"主页"→"直接草图"→"草图"按钮，选择基准 XC-YC 平面为草图平面，进入草图绘制环境。

2) 绘制同心圆

单击选项卡"主页"→"直接草图"→"圆"按钮，以草图原点为圆心绘制一个 $\phi27$以及 $\phi40$ 的圆，如图 2-63 所示。

3) 绘制矩形

单击选项卡"主页"→"直接草图"→"矩形"按钮，弹出"绘制矩形"对话框，选择"按两对角点绘制"按钮，绘制矩形，具体尺寸约束如图 2-64 所示。

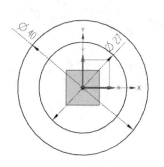

图 2-63 绘制同心圆

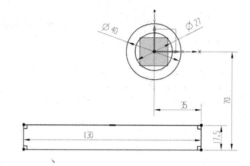

图 2-64 绘制矩形

4) 绘制 R100 与 R80 的圆弧

单击选项卡"主页"→"直接草图"→"圆弧"按钮，绘制 R100 圆弧，之后使用"相切"与"点在线上"的几何约束，使 R100 的圆弧与 $\phi40$ 的圆相切，且圆弧圆心落在矩形底边上；接着，继续使用相同方法绘制 R100 圆弧的同心圆弧，半径为80，绘制时注意圆弧一端与草图原点重合,绘制完成后,单击鼠标右键将 R80 的圆弧转化为参考线,结果如图 2-65 所示。

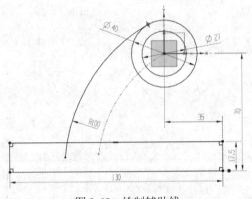

图 2-65　绘制辅助线

5) 绘制偏置线

单击选项卡"主页"→"直接草图"→"草图曲线"下拉按钮→"偏置曲线"按钮 ⌂,对称偏置上一步创建的 R80 辅助线,值为 4 mm,如图 2-66 所示。

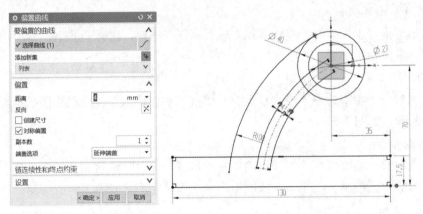

图 2-66　绘制偏置曲线

6) 绘制直线

单击选项卡"主页"→"直接草图"→"直线"按钮 ⟋,绘制 Y 轴下方竖直线,结果如图 2-67 所示。

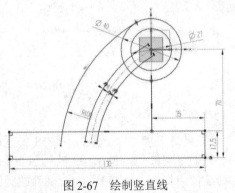

图 2-67　绘制竖直线

7) 绘制各处圆角

单击选项卡"主页"→"直接草图"→"圆角"按钮，绘制各处过渡圆角。在"圆角"对话框中选择"修剪"模式，选择矩形上边两夹角，圆角半径为 7.5；继续选择上一步绘制的竖直线与ø40 的圆，它们之间的圆角半径为 7.5；接着选择对称偏置曲线与ø40 的圆，它们之间圆角半径为 3；最后，在"圆角"对话框中选择"取消修剪"模式，绘制 R100 圆弧与矩形之间的圆角，半径为 17.5，结果如图 2-68 所示。

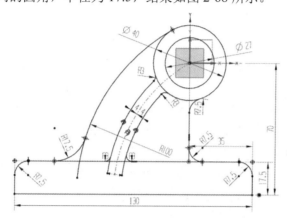

图 2-68 绘制过渡圆角

8) 修剪多余曲线

单击选项卡"主页"→"直接草图"→"快速修剪"按钮，修剪草图中多余曲线，结果如图 2-69 所示。检查图形后，单击"完成草图"按钮，退出草图绘制环境。

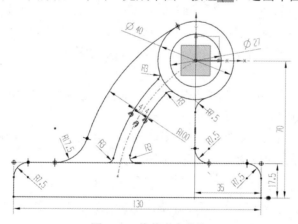

图 2-69 修剪多余曲线

四、思政小课堂

本项目课程思政内容设计围绕简单草图的绘制及编辑训练，讲解草图对于实体设计的重要意义，引导学生理解草图绘制的严肃性和科学性的基本要求，使学生深刻体会到差之毫厘、谬以千里的含义，帮助学生既要养成不能忽视每一个小细节的求真态度，又要培养学生善于总结、不断改进、追求卓越的良好职业习惯。

项目三　实体设计

一、学习目的

(1) 了解 UG NX 12.0 实体设计的基本流程。

(2) 熟悉零件模块的各个图标按钮及有关命令的使用。

(3) 掌握拉伸、旋转、扫掠等基础实体创建方法。

(4) 掌握孔、筋板、拔模、倒斜角、边倒圆等工程特征的创建方法。

(5) 掌握典型机械零件的创建流程及简单的编辑方法。

二、知识点

1. 特征的分类

特征是零件设计的最小单位，可以分为体素特征、基础特征和工程特征等。

(1) 体素特征：通常将长方体、圆柱体、圆锥和球体等这一类设计特征统称为体素特征，这类特征是基本解析形式的实体对象。一般在设计开始阶段，创建一个体素特征作为模型毛坯。创建体素特征时，必须首先确定它的类型、尺寸、空间方位与位置等参数。

(2) 基础特征：这类特征一般都是需要先绘制草绘截面，再通过其成型方法建立模型，如拉伸、旋转、扫掠等。

(3) 工程特征：也称为细节特征，这类特征是需要在已有实体或曲面特征的基础上才能创建的，如孔特征、边倒圆、倒斜角、拔模、抽壳等。

2. 部件导航器

在 UG NX 12.0 的主界面中，单击左侧的"部件导航器"图标，即可弹出"部件导航器"窗口，其中以列表形式列出了已经创建的各个特征，用户可以在每个特征前面勾选或取消勾选，从而显示或隐藏各个特征，还可以选择需要编辑的特征，右键单击对特征参数进行编辑。

三、练习题参考答案

1. 完成如图 3-1 所示的实体模型。

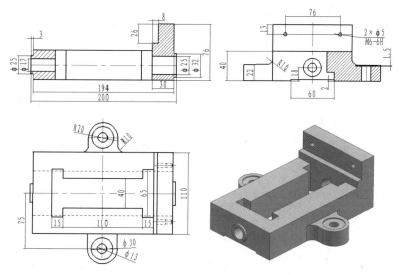

图 3-1 实体练习题 1

作图步骤如下：

1) 新建模型文件

选择下拉菜单"文件"→"新建"命令(或单击"新建"按钮 ），系统弹出"新建"对话框；在"模型"选项卡的"模板"区域中选择模板类型为 模型，在"名称"文本框中输入文件名后；单击"确定"按钮，完成新文件的建立。

实体练习题 1

2) 建立基本草图

单击选项卡"主页"→"草图"按钮 ，或者单击"菜单"下拉列表，选择"插入"→"在任务环境中绘制草图"，选择 XC-YC 平面为草绘平面，绘制基本草图，如图 3-2 所示，绘制完成后单击"完成"按钮 退出草图。

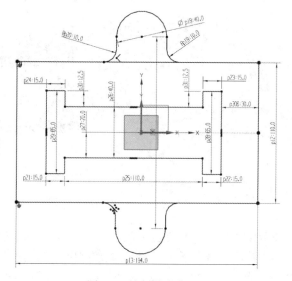

图 3-2 绘制基本草图

3) 创建基本拉伸体

(1) 单击"主页"选项卡中"特征"功能区里的"拉伸"按钮 🔲，系统弹出"拉伸"对话框，在上一步绘制的草图中选择要拉伸的截面曲线，在"距离"文本框中输入"40"，其他设置如图 3-3 所示，然后单击"确定"按钮，完成拉伸体的创建，结果如图 3-4 所示。

💲 **注意：** 为了方便在线条较多的草图中准确选出所需的截面曲线，可以在绘图区上方的边框条里选中"曲线规则"，在其下拉列表中选择"相连曲线" 相连曲线 ▾ ，然后把后面的"在相交处停止" ✝ 按钮按下，这样既能提高绘图效率，也方便操作。

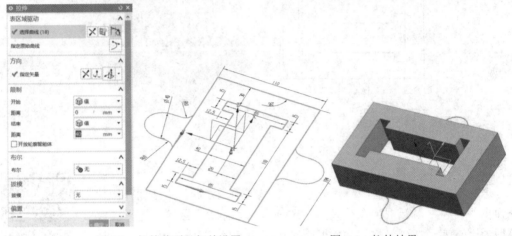

图 3-3　拉伸截面及相关设置　　　　　　　　图 3-4　拉伸结果

(2) 单击"主页"选项卡中"特征"功能区里的"拉伸"按钮 🔲，系统弹出"拉伸"对话框，在上一步绘制的草图中选择要拉伸的截面曲线，在"距离"文本框中输入"22"，其他设置如图 3-5 所示，然后单击"确定"按钮，完成拉伸体的创建，如图 3-6 所示。

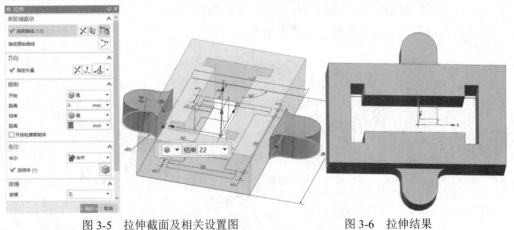

图 3-5　拉伸截面及相关设置图　　　　　　　图 3-6　拉伸结果

4) 创建两侧沉头孔

单击"主页"选项卡中"特征"功能区里的"孔"按钮 🔷，系统弹出"孔"对话框，指定孔的位置，其余参数按图 3-7 所示设置；对话框中布尔减去操作时，选择上一步创建的拉伸体，然后单击"确定"按钮，完成孔的创建，结果如图 3-8 所示。

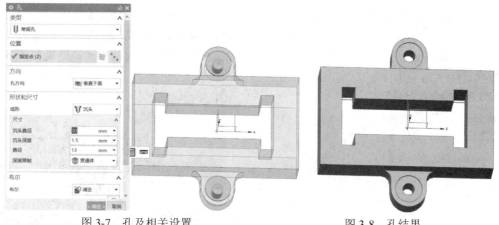

图 3-7 孔及相关设置　　　　　　　　图 3-8 孔结果

5) 创建其余拉伸特征

(1) 创建底板左侧拉伸体。

① 选择如图 3-9 中的 XC-YC 平面为草绘平面，绘制 $\phi25$ 和 $\phi17$ 的同心圆，如图 3-9 所示。绘制完成后单击"完成"按钮 ，退出草图绘制环境。

图 3-9 拉伸截面

② 单击"主页"选项卡中"特征"功能区里的"拉伸"按钮，系统弹出"拉伸"对话框；选择 $\phi25$ 的圆作为拉伸截面，选择 X 轴负方向为拉伸方向，其他设置如图 3-10(a) 所示；然后单击"确定"按钮，完成拉伸体的创建，结果如图 3-10(b)所示。

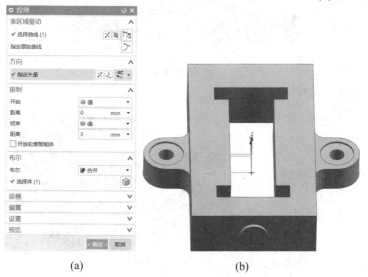

(a)　　　　　　　　　　(b)

图 3-10 拉伸相关设置及拉伸结果

③ 单击"主页"选项卡中"特征"功能区里的"拉伸"按钮▦，系统弹出"拉伸"对话框；选择上一步绘制的草图中 φ17 的圆作为要拉伸的截面曲线，拉伸方向为 X 轴正方向，其他设置如图 3-11 所示；然后单击"确定"按钮，完成拉伸体的创建，结果如图 3-12 所示。

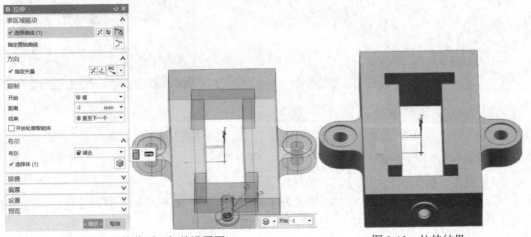

图 3-11　拉伸截面及相关设置图　　　　　　图 3-12　拉伸结果

(2) 创建底板右侧拉伸体及螺纹孔。

① 单击"主页"选项卡中"特征"功能区里的"拉伸"按钮▦，系统弹出"拉伸"对话框；选择底板右侧面作为草绘面，绘制 36 × 110 的矩形如图 3-13 所示，拉伸方向为 X 轴负向，其他设置如图 3-14 所示；然后单击"确定"按钮，完成拉伸体的创建，结果如图 3-15 所示。

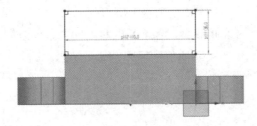

图 3-13　绘制基本草图

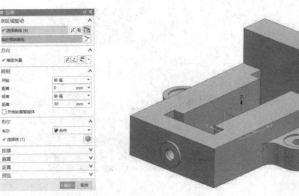

图 3-14　拉伸相关设置图　　　　　　图 3-15　拉伸结果

② 单击"主页"选项卡中"特征"功能区里的"拉伸"按钮▥，系统弹出"拉伸"对话框；选择上一步拉伸体的正面作为草绘面，绘制 26×110 的矩形，拉伸方向为 X 轴正向，其他设置如图 3-16 所示；然后单击"确定"按钮，完成拉伸体的创建，结果如图 3-17 所示。

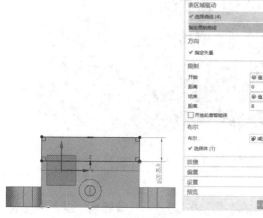

图 3-16　拉伸截面及相关设置图　　　　　　图 3-17　拉伸结果

6）创建端面圆台及同心孔特征

(1) 单击"主页"选项卡中"特征"功能区里的"拉伸"按钮▥，系统弹出"拉伸"对话框；选择底板右侧面作为草绘面，绘制 φ32 的圆，拉伸方向为 X 轴负方向，其他设置如图 3-18 所示；然后单击"确定"按钮，完成圆台的创建，结果如图 3-19 所示。

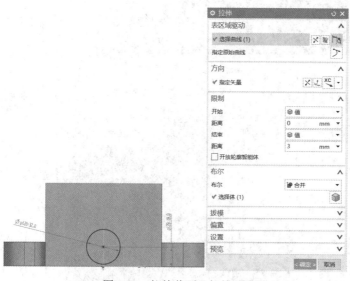

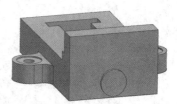

图 3-18　拉伸截面及相关设置图　　　　　　图 3-19　拉伸结果

(2) 单击"主页"选项卡中"特征"功能区里的"孔"按钮▥，系统弹出"孔"对话框；指定圆台中心为孔轴线的位置，其余参数按照图 3-20 设置；然后单击"确定"按钮，完成同心孔的创建，结果如图 3-21 所示。

图 3-20　孔相关设置图

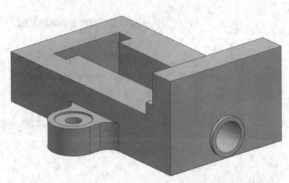

图 3-21　同心孔结果

7) 创建螺纹孔

单击"主页"选项卡中"特征"功能区里的"孔"按钮 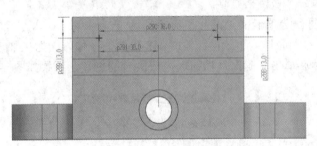，系统弹出"孔"对话框；选择阶梯面作为草绘面，绘制两个点作为孔的位置，如图 3-22 所示。其余参数设置如图 3-23 所示，然后单击"确定"按钮，完成孔的创建，结果如图 3-24 所示。

图 3-22　孔位置草图

图 3-23　孔的相关设置

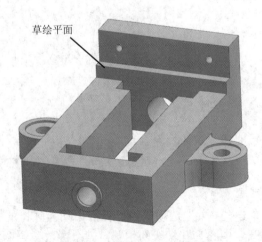

图 3-24　孔结果

8) 创建底部方形槽

单击"主页"选项卡中"特征"功能区里的"拉伸"按钮![ ],系统弹出"拉伸"对话框,在端面绘制 2×60 的矩形作为截面曲线,其他设置如图 3-25 所示,然后单击"确定"按钮,完成拉伸体的创建,结果如图 3-26 所示。至此,图 3-1 中的实体模型创建完成。

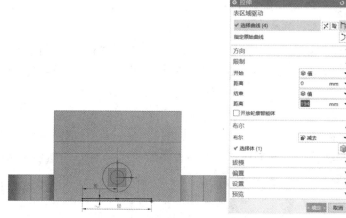

图 3-25　拉伸截面及相关设置图　　　　　　　图 3-26　拉伸结果

2. 完成如图 3-27 所示的实体模型。

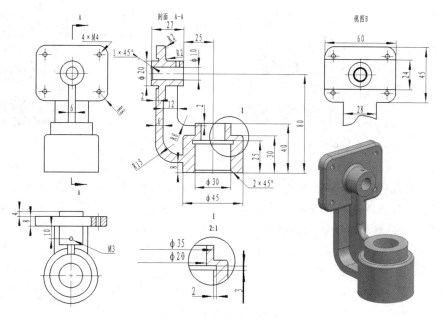

图 3-27　实体练习题 2

实体练习题 2(1)　　　　　　　　实体练习题 2(2)

作图步骤：

1) 新建模型文件

选择下拉菜单"文件"→"新建"命令(或单击"新建"按钮)。系统弹出"新建"对话框，在"模型"选项卡的"模板"区域中选择模板类型为 模型，在"名称"文本框中输入文件名后，单击"确定"按钮，完成新文件的建立。

2) 创建基本拉伸体

单击"主页"选项卡中"特征"功能区里的"拉伸"按钮 ，弹出"拉伸"对话框，在 XC-YC 平面绘制 $\phi45$ 的圆作为截面曲线，在"距离"文本框中输入"30"，其他设置如图 3-28 所示，单击"确定"按钮，完成拉伸体的创建。

3) 拉伸创建上方圆柱

单击"主页"选项卡中"特征"功能区里的"拉伸"按钮 ，弹出"拉伸"对话框，在 XC-YC 平面绘制 $\phi35$ 的圆作为要拉伸的截面曲线，其他设置如图 3-29 所示，然后单击"确定"按钮，完成拉伸体的创建。

图 3-28　拉伸设置及结果

图 3-29　拉伸设置及结果

4) 创建中间支撑部分

(1) 建立基本草图。单击选项卡"主页"→"草图"按钮 ，或者单击"菜单"下拉列表，选择"插入"→"在任务环境中绘制草图"，选择 XC-ZC 平面为草绘平面，绘制草图如图 3-30 所示，绘制完成后单击"完成"按钮 ，退出草图绘制环境。

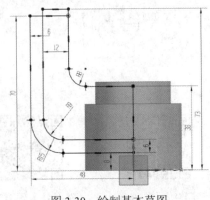

图 3-30　绘制基本草图

(2) 拉伸创建立板。单击"主页"选项卡中"特征"功能区里的"拉伸"按钮，系统弹出"拉伸"对话框，在上一步绘制的草图中选择要拉伸的截面曲线，其他设置如图3-31所示，然后单击"确定"按钮，完成拉伸体的创建。

(3) 同理拉伸中间加强肋板。继续在上一步绘制的草图中选择要拉伸的截面曲线，其他设置如图3-32所示，然后单击"确定"按钮，完成拉伸体的创建。

图 3-31 拉伸创建立板   图 3-32 拉伸中间加强肋板

5) 创建上方拉伸体

(1) 建立基本草图。单击选项卡"主页"→"草图"按钮，或者单击"菜单"下拉列表，选择"插入"→"在任务环境中绘制草图"，选择立板背面作为草绘平面，绘制草图如图3-33所示，绘制完成后单击"完成"按钮，退出草图绘制环境。

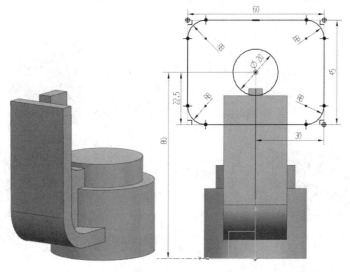

图 3-33 绘制基本草图

(2) 单击"主页"选项卡中"特征"功能区里的"拉伸"按钮，系统弹出"拉伸"对话框，在上一步绘制的草图中选择外框线作为要拉伸的截面曲线，拉伸方向为 X 轴正方向，其他设置如图 3-34 所示，然后单击"确定"按钮，完成拉伸体的创建。

图 3-34　拉伸设置及结果

(3) 同理创建槽。单击"主页"选项卡中"特征"功能区里的"拉伸"按钮，系统弹出"拉伸"对话框，在 XC-ZC 平面绘制如图 3-35 所示的矩形作为要拉伸的截面曲线，其他设置如图 3-36 所示，然后单击"确定"按钮，完成拉伸体的创建。

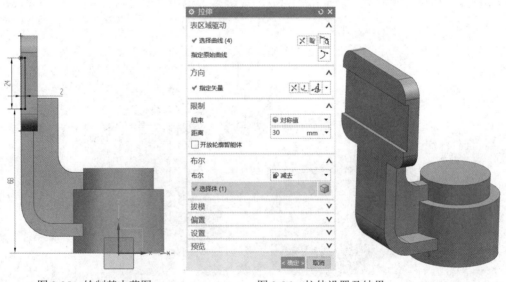

图 3-35　绘制基本草图　　　　　　图 3-36　拉伸设置及结果

(4) 同理拉伸圆柱。在第(1)步绘制的草图中选择 $\phi20$ 的圆作为要拉伸的截面曲线，其他设置如图 3-37 所示，然后单击"确定"按钮，完成拉伸体的创建。

图 3-37　拉伸设置及结果

6) 创建台阶孔

单击"主页"选项卡中"特征"功能区里的"旋转"按钮⚙，系统弹出"旋转"对话框，先选择 XC-ZC 平面作为草绘平面，绘制草图如图 3-38 所示，旋转轴选择 Z 轴，其他设置如图 3-38 所示，然后单击"确定"按钮，完成旋转特征，结果如图 3-39 所示。

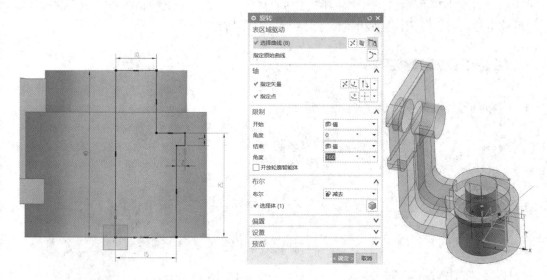

图 3-38　旋转截面及相关设置图　　　　　图 3-39　旋转结果

7) 创建简单孔

单击"主页"选项卡中"特征"功能区里的"孔"按钮⚙，系统弹出"孔"对话框，指定上方圆柱中心作为孔的中心位置，其余参数如图 3-40 所示，选择圆柱体进行减去，然后单击"确定"按钮，完成孔的创建，结果如图 3-40 所示。

8) 创建 M4 的螺纹孔

单击"主页"选项卡中"特征"功能区里的"孔"按钮 ⬛，系统弹出"孔"对话框，指定板子上四个圆角的圆心位置作为孔的轴线位置，其他设置如图 3-41 所示，然后单击"确定"按钮，完成孔的创建，结果如图 3-41 所示。

图 3-40　ϕ10 孔的设置及结果　　　　　图 3-41　四个 M4 孔的设置及结果

9) 创建 R2 倒圆角

单击"主页"选项卡中"特征"功能区里的"边倒圆"按钮 ⬛，系统弹出"边倒圆"对话框，如图 3-37 所示。在"半径 1"文本框中输入"2"，选择如图 3-42 所示的边线，然后单击"应用"按钮，完成倒圆，结果如图 3-43 所示。

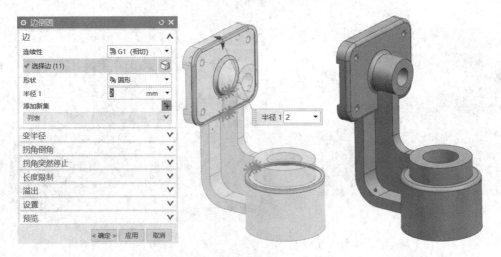

图 3-42　边倒圆及相关设置图　　　　　图 3-43　边倒圆结果

10) 同理创建 R3 及 R1 的圆角

选择如图 3-44 中所示的边线，设置半径为 3，然后在对话框中单击"应用"按钮，完成 R3 倒圆；再选择如图 3-45 中所示的边线，设置半径为 1，然后单击"应用"按钮，完成 R1 倒圆。

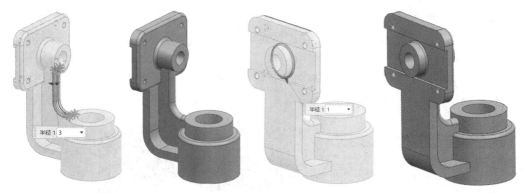

图 3-44 R3 倒圆角   图 3-45 R1 倒圆角

11) 创建 M3 的螺纹孔

(1) 创建基准平面。单击"主页"选项卡中"特征"功能区里的"基准平面"按钮，
系统弹出"基准平面"对话框，按照如图 3-46 所示进行设置，选择圆柱面作为参考，单击
"确定"按钮，完成与圆柱面相切的基准平面的创建。

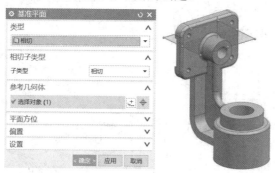

图 3-46 创建基准平面

(2) 单击"主页"选项卡中"特征"功能区里的"孔"按钮，系统弹出"孔"对话
框，指定孔的位置，设置其余参数如图 3-47 所示，然后单击"确定"按钮，完成孔的创建，
结果如图 3-48 所示。

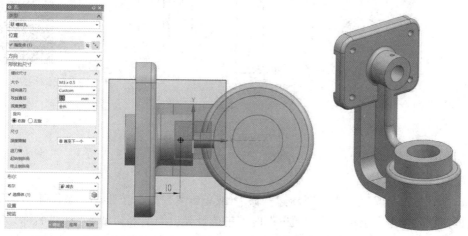

图 3-47 孔位置及相关设置   图 3-48 孔结果

12) 创建倒斜角

单击"主页"选项卡中"特征"功能区里的"倒斜角"按钮🔧，系统弹出"倒斜角"对话框，其他设置如图 3-49 所示，然后单击"应用"按钮，完成 2×45° 倒斜角；再将对话框中距离值改为 1，创建 1×45° 倒斜角；结果如图 3-50 所示。至此，模型所有特征已经创建，单击"保存"按钮💾，完成模型。

图 3-49　倒角及相关设置　　　　　图 3-50　倒角结果

3. 完成如图 3-51 所示的实体模型。

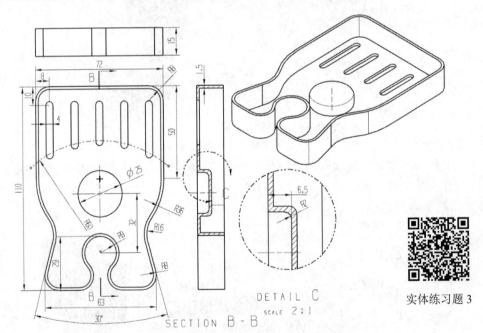

实体练习题 3

图 3-51　实体练习题 3

作图步骤如下：

1) 新建模型文件

选择下拉菜单"文件"→"新建"命令(或单击"新建"按钮🗋)。系统弹出"新建"对话框，在"模型"选项卡的"模板"区域中选择模板类型为🔲模型，在"名称"文本框中输入文件名后，单击"确定"按钮，完成新文件的建立。

2) 建立基本草图

单击选项卡"主页"→"草图"按钮，或者单击"菜单"下拉列表，选择"插入"→"在任务环境中绘制草图"，选择 XC-YC 平面为草绘平面，绘制草图如图 3-52 所示，绘制完成后单击"完成"按钮，退出草图绘制环境。

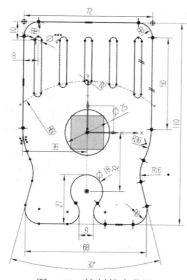

图 3-52　绘制基本草图

3) 创建主体

单击"主页"选项卡中"特征"功能区里的"拉伸"按钮，系统弹出"拉伸"对话框，选择上一步绘制的草图(不包括中心 ϕ25 的圆)作为要拉伸的截面曲线，其他设置如图 3-53 所示，然后单击"确定"按钮，完成拉伸体的创建，结果如图 3-53 所示。

4) 创建背面圆形腔

单击"主页"选项卡中"特征"功能区里的"拉伸"按钮，系统弹出"拉伸"对话框，在上一步绘制的草图中选择中心 ϕ25 的圆作为要拉伸的截面曲线，其他设置如图 3-54 所示，然后单击"确定"按钮，完成拉伸体的创建，结果如图 3-54 所示。

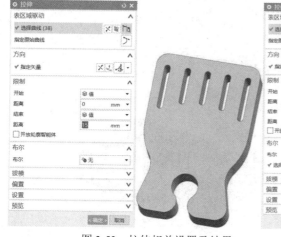

图 3-53　拉伸相关设置及结果

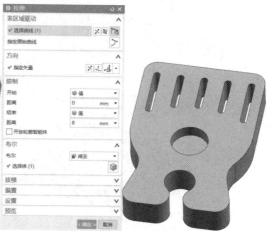

图 3-54　拉伸相关设置及结果

5) 创建抽壳特征

单击"主页"选项卡中"特征"功能区里的"抽壳"按钮，系统弹出"抽壳"对话框，选择上表面及槽型面进行移除，其他设置如图 3-55 所示，然后单击"确定"按钮，完成抽壳，结果如图 3-56 所示。

图 3-55　抽壳相关设置　　　　　　　　图 3-56　抽壳结果

6) 创建 R2 倒圆角

单击"主页"选项卡中"特征"功能区里的"边倒圆"按钮，系统弹出"边倒圆"对话框，在"半径 1"文本框中输入"2"，选择圆柱部分的底边线和上边线，其他设置如图 3-57 所示，然后单击"确定"按钮，完成倒圆，结果如图 3-58 所示。至此，该模型创建完成，单击快捷访问工具条中的"保存"按钮进行文件保存。

图 3-57　边倒圆设置

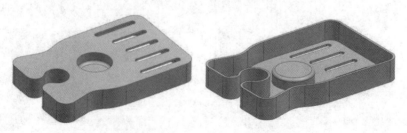

图 3-58　边倒圆结果

4. 完成如图 3-59 所示的实体模型。

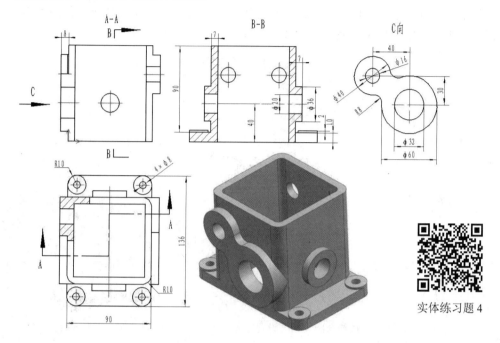

图 3-59　实体练习题 4

实体练习题 4

作图步骤如下：

1) 新建模型文件

选择下拉菜单"文件"→"新建"命令(或单击"新建"按钮▯)。系统弹出"新建"对话框，在"模型"选项卡的"模板"区域中选择模板类型为▯模型，在"名称"文本框中输入文件名后，单击"确定"按钮，完成新文件的建立。

2) 创建底板

(1) 单击"主页"选项卡中"特征"功能区里的"拉伸"按钮▯，系统弹出"拉伸"对话框，选择 XC-YC 平面为草绘平面，绘制的草图截面及其他设置如图 3-60 所示，然后单击"确定"按钮，完成拉伸体的创建，结果如图 3-61 所示。

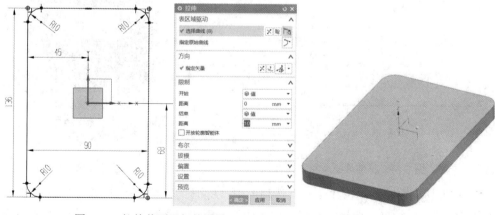

图 3-60　拉伸截面及相关设置　　　　　　　　　　图 3-61　拉伸结果

(2) 单击"主页"选项卡中"特征"功能区里的"拉伸"按钮▣，系统弹出"拉伸"对话框，选择上一步拉伸的上表面为草绘平面，绘制草图截面及其他设置如图 3-62 所示，然后单击"确定"按钮，完成拉伸体的创建，结果如图 3-63 所示。

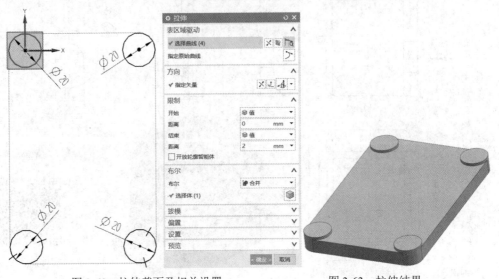

图 3-62　拉伸截面及相关设置　　　　图 3-63　拉伸结果

3) 创建上方主体部分

(1) 拉伸主体。单击"主页"选项卡中"特征"功能区里的"拉伸"按钮▣，系统弹出"拉伸"对话框，选择上一步拉伸的上表面为草绘平面，绘制草图截面及其他设置如图 3-64 所示，然后单击"确定"按钮，完成拉伸体的创建，结果如图 3-65 所示。

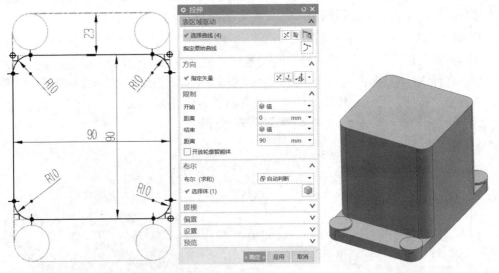

图 3-64　拉伸截面及相关设置　　　　图 3-65　拉伸结果

(2) 拉伸切除内腔。单击"主页"选项卡中"特征"功能区里的"拉伸"按钮▣，系统弹出"拉伸"对话框，选择上一步拉伸实体的上表面为草绘平面，选择外框线作为偏置线，偏置方向向内，偏置距离为 7，其他设置如图 3-66 所示，然后单击"确定"按钮，完成拉伸体的创建，结果如图 3-67 所示。

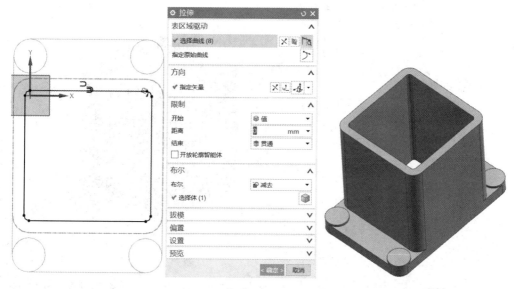

图 3-66　拉伸截面及相关设置　　　　　　图 3-67　拉伸结果

(3) 拉伸侧面圆柱。单击"主页"选项卡中"特征"功能区里的"拉伸"按钮，系统弹出"拉伸"对话框，选择侧面为草绘平面，绘制草图截面及其他设置如图 3-68 所示，然后单击"确定"按钮，完成拉伸体的创建，结果如图 3-69 所示。

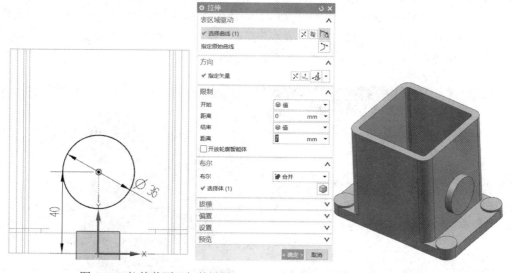

图 3-68　拉伸截面及相关设置　　　　　　图 3-69　拉伸结果

(4) 创建圆柱中心孔。单击"主页"选项卡中"特征"功能区里的"孔"按钮，系统弹出"孔"对话框，指定上一步拉伸的圆柱中心为孔轴线的位置，其余参数设置如图 3-70 所示，然后单击"确定"按钮，完成孔的创建，结果如图 3-71 所示。

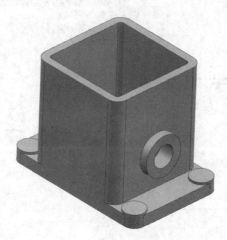

图 3-70　孔相关设置　　　　　　　　　图 3-71　孔结果

(5) 镜像特征。单击"主页"选项卡中"特征"功能区里的"更多"按钮，在下弹的"关联复制"区域里选择"镜像特征"命令，系统弹出"镜像特征"对话框，选择前两步的圆柱和同轴孔特征作为要镜像的特征，选择 XC-ZC 平面作为镜像平面，然后单击"确定"按钮，完成特征的镜像，结果如图 3-72 所示。

注意：镜像操作时，一般可以选择"关联复制"选项组中的"镜像特征"或"镜像几何体"。但这里因为孔特征、凸台和拉伸体之间有依附关系和布尔运算，已经成为一个几何体，因此不能使用"镜像几何体"命令。反而，使用"镜像特征"命令就可以灵活选择单个或多个特征进行镜像，操作起来更加灵活。

图 3-72　镜像结果

(6) 创建侧面拉伸体。单击"主页"选项卡中"特征"功能区里的"拉伸"按钮，系统弹出"拉伸"对话框，选择左侧面为草绘平面，绘制草图截面如图 3-73 所示，其他设置如图 3-74 所示，"直至选定"选择 R10 的圆弧面，然后单击"确定"按钮，完成拉伸体的创建，结果如图 3-75 所示。

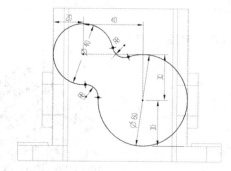

图 3-73　拉伸草图

图 3-74　拉伸对话框相关设置

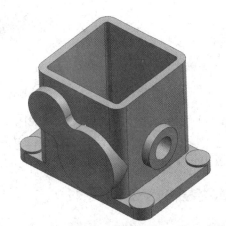

图 3-75　拉伸结果

(7) 创建各处孔。

① 单击"主页"选项卡中"特征"功能区里的"孔"按钮，系统弹出"孔"对话框，分别指定侧面拉伸体上方圆心位置为孔的轴线位置，其余参数设置如图 3-76 所示，然后单击"确定"按钮，完成 $\phi 16$ 孔的创建，结果如图 3-77 所示。

图 3-76　孔相关设置

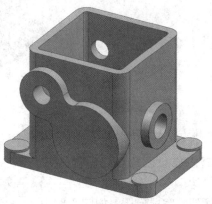

图 3-77　孔结果

② 单击"主页"选项卡中"特征"功能区里的"孔"按钮，系统弹出"孔"对话框，分别指定侧面拉伸体下方圆心位置为孔的轴线位置，其余参数设置如图 3-78 所示，然后单击"确定"按钮，完成 φ32 孔的创建，结果如图 3-79 所示。

图 3-78　孔相关设置

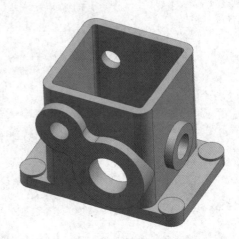

图 3-79　孔结果

③ 单击"主页"选项卡中"特征"功能区里的"孔"按钮，系统弹出"孔"对话框，分别指定底板上四个 φ20 的凸台的圆心位置为孔的轴线位置，其余参数设置如图 3-80 所示，然后单击"确定"按钮，完成四个 φ8 孔的创建，结果如图 3-81 所示。

图 3-80　孔相关设置

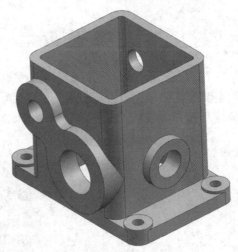

图 3-81　孔结果

(8) 创建未注 R2 倒圆角。单击"主页"选项卡中"特征"功能区里的"边倒圆"按钮，系统弹出"边倒圆"对话框，在"半径 1"文本框中输入"2"，选择各相交线，然后单击"确定"按钮，完成倒圆，如图 3-82 所示。至此，零件建模完成，单击快捷访问工具条中的"保存"按钮进行文件保存。

图 3-82 倒圆角结果

5. 完成如 5-83 图所示的实体模型。

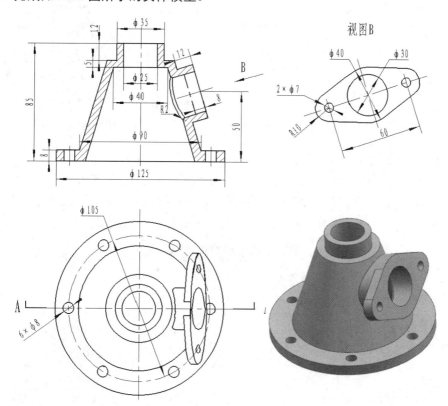

图 3-83 实体练习题 5

作图步骤如下：

1）新建模型文件

选择下拉菜单"文件"→"新建"命令(或单击"新建"按钮🗋)，系统弹出"新建"对话框，在"模型"选项卡的"模板"区域中选择模板类型为🖱模型，在"名称"文本框中输入文件名后，单击"确定"按

实体练习题 5

钮，完成新文件的建立。

2) 创建旋转主体

单击"主页"选项卡中"特征"功能区里的"旋转"按钮🔧，系统弹出"旋转"对话框，在对话框中点击"绘制截面"按钮，选择 XC-ZC 平面为草绘平面，绘制截面如图 3-84 所示，其他设置如图 3-84 所示，然后单击"确定"按钮，完成旋转特征，结果如图 3-85 所示。

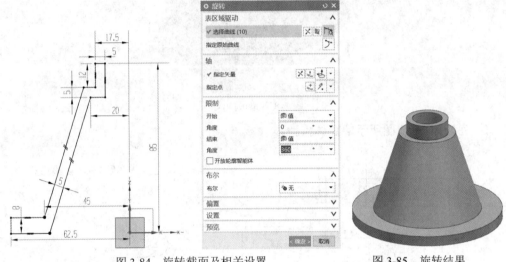

图 3-84　旋转截面及相关设置　　　　图 3-85　旋转结果

3) 创建底板上的孔

单击"主页"选项卡中"特征"功能区里的"拉伸"按钮📦，系统弹出"拉伸"对话框，单击"绘制截面"按钮，选择ϕ125 的圆柱上表面作为草绘平面，绘制截面及其他设置如图 3-86 所示，单击"确定"按钮，完成底盘上的孔，结果如图 3-87 所示。

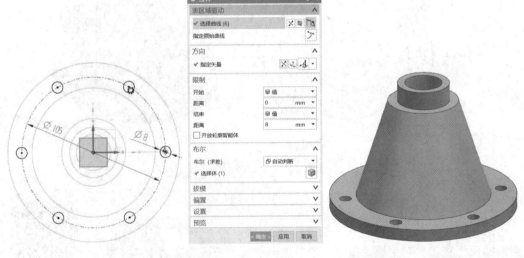

图 3-86　拉伸截面及相关设置　　　　图 3-87　拉伸结果

4) 创建辅助的基准平面

(1) 单击"主页"选项卡中"特征"功能区里的"基准平面"按钮，系统弹出"基准平面"对话框，对象选择旋转体下表面，其他设置如图 3-88 所示，单击"应用"按钮，完成平行于底面的基准平面 1 的创建。

(2) 继续选择圆锥面作为对象，系统自动判断为相切面，也可以直接选择"类型"为相切，设置如图 3-89 所示，单击"应用"按钮，完成与圆锥面相切的基准平面 2 的创建。

(3) 继续选择上一步创建的相切面作为对象，其他设置如图 3-90 所示，单击"确定"按钮，完成与相切面距离为 12 mm 的基准平面 3 的创建，结果如图 3-91 所示。

图 3-88　创建平移基准平面

图 3-89　创建相切基准平面

图 3-90　创建平移基准平面

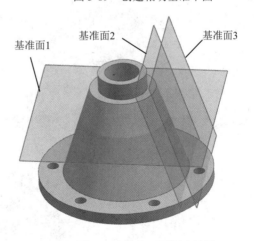

图 3-91　基准平面创建结果

5) 创建辅助的基准轴

单击"主页"选项卡中"特征"功能区里的"基准轴"按钮，系统弹出"基准轴"对话框，选择上面创建的基准平面 1 和基准平面 3 作为对象，设置如图 3-92 所示，单击"应用"按钮，完成第一个基准轴的创建；同理选择基准平面 3 和 XC-ZC 平面作为对象，单击"确定"按钮，完成第二个基准轴的创建，结果如图 3-93 所示。

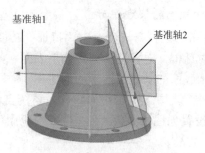

图 3-92　基准轴对话框设置　　　　　图 3-93　基准轴结果

6) 创建斜拉伸体

(1) 单击"主页"选项卡中"特征"功能区里的"拉伸"按钮▦，系统弹出"拉伸"对话框，选择基准平面 3 作为草绘面，绘制拉伸截面及其他设置如图 3-94 所示，然后单击"确定"按钮，完成拉伸体的创建，如图 3-95 所示。

注意：绘制草图时，草图中心点一定要约束在两个基准轴的交点位置。可使用几何约束中的"点在曲线上"┼方式，使中心点既在基准轴 1 上，又在基准轴 2 上。

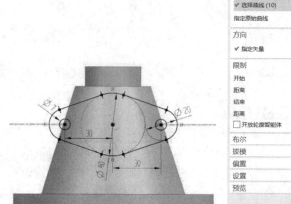

图 3-94　拉伸截面及相关设置图

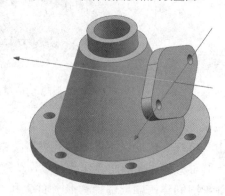

图 3-95　拉伸结果

(2) 单击"主页"选项卡中"特征"功能区里的"拉伸"按钮▦，系统弹出"拉伸"对话框，选择基准平面 3 作为草绘面，绘制拉伸截面及其他设置如图 3-96 所示，然后单击"确定"按钮，完成拉伸体的创建，结果如图 3-97 所示。

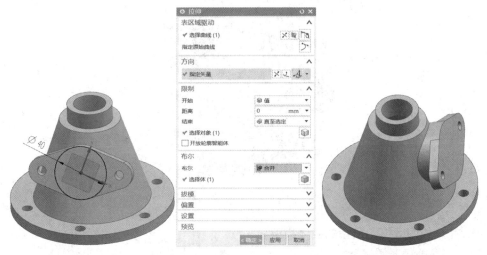

图 3-96　拉伸截面及相关设置图　　　　　　　　图 3-97　拉伸结果

(3) 布尔求和。单击"主页"选项卡中"特征"功能区里的"合并"按钮▦，系统弹出"合并"对话框，如图 3-98 所示，分别选择 B 向凸台和旋转体，进行布尔求和，将它们合并为一个实体。

(4) 创建孔特征。单击"主页"选项卡中"特征"功能区里的"孔"按钮▦，在"孔"对话框中指定 B 向凸台为孔的轴线位置，深度设置为到达旋转体里面，其余参数设置如图 3-99 所示，单击"确定"按钮，完成ϕ30 孔的创建。

图 3-98　布尔求和对话框　　　　　　　　图 3-99　打孔设置及结果

(5) 创建 R2 倒圆角。单击"主页"选项卡中"特征"功能区里的"边倒圆"按钮▦，系统弹出"边倒圆"对话框，在"半径 1"文本框中输入"2"，选择内侧相贯线，然后单击"确定"按钮，完成倒圆，结果如图 3-100 所示。至此，零件建模完成，单击快捷访问工具条中的"保存"按钮 进行文件保存。

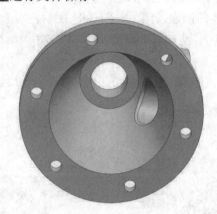

图 3-100　倒圆角结果

6. 完成如图 3-101 所示的实体模型。

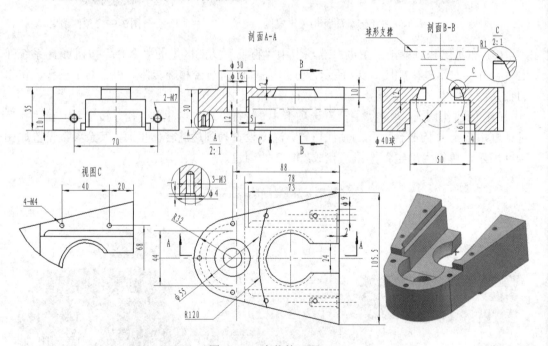

图 3-101　实体练习题 6

实体练习题 6(1)　　　　实体练习题 6(2)

作图步骤如下：

1) 新建模型文件

选择下拉菜单"文件"→"新建"命令(或单击"新建"按钮█)。系统弹出"新建"对话框,在"模型"选项卡的"模板"区域中选择模板类型为█ 模型,在"名称"文本框中输入文件名后,单击"确定"按钮,完成新文件的建立。

2) 建立基本草图

单击选项卡"主页"→"草图"按钮█,或者单击"菜单"下拉列表,选择"插入"→"在任务环境中绘制草图"命令,选择 XC-YC 平面为草绘平面,绘制基本草图如图 3-102所示,绘制完成后单击"完成"按钮█,退出草图绘制环境。

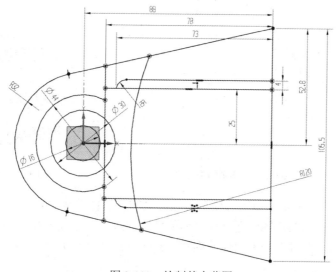

图 3-102 绘制基本草图

3) 创建基本拉伸体

(1) 单击"主页"选项卡中"特征"功能区里的"拉伸"按钮█,系统弹出"拉伸"对话框,在上一步绘制的草图中选择要拉伸的截面曲线,在"距离"文本框中输入"35",然后单击"确定"按钮,完成右侧拉伸体的创建,结果如图 3-103 所示。

(2) 单击"主页"选项卡中"特征"功能区里的"拉伸"按钮█,系统弹出"拉伸"对话框,在上一步绘制的草图中选择要拉伸的截面曲线,在"距离"文本框中输入"30","布尔"选项组中选择"合并"选项,选择上一步创建的拉伸体进行求和,然后单击"确定"按钮,完成左侧拉伸体的创建,结果如图 3-104 所示。

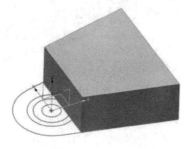

图 3-103 右侧拉伸结果

图 3-104 左侧拉伸结果

(3) 单击"主页"选项卡中"特征"功能区里的"拉伸"按钮▥，系统弹出"拉伸"对话框，在上一步绘制的草图中选择四条边作为截面曲线，其他设置如图 3-105 所示，然后单击"确定"按钮，完成右侧修剪体的创建，结果如图 3-106 所示。

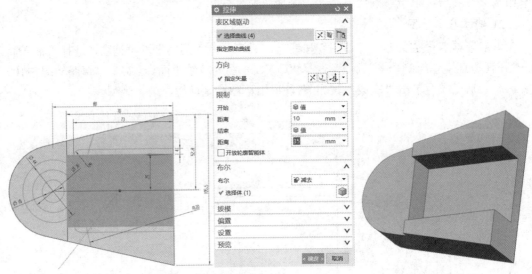

图 3-105　拉伸截面及相关设置　　　　　　　　　图 3-106　拉伸结果

(4) 单击"主页"选项卡中"特征"功能区里的"拉伸"按钮▥，系统弹出"拉伸"对话框，在上一步绘制的草图中选择要拉伸的截面曲线，其他设置如图 3-107 所示，然后单击"确定"按钮，完成右侧修剪体的创建，结果如图 3-108 所示。

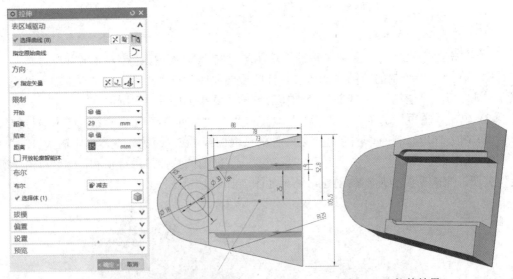

图 3-107　拉伸截面及相关设置　　　　　　　　　图 3-108　拉伸结果

(5) 同理，创建左侧通孔，拉伸的截面曲线选择草图中 $\phi16$ 的圆，其他设置 3-109 所示，然后单击"确定"按钮，完成左侧通孔的创建，结果如图 3-110 所示。

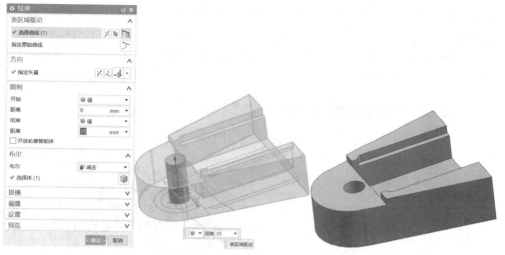

图 3-109　拉伸截面及相关设置　　　　　　　图 3-110　拉伸结果

4) 创建球形修剪体

(1) 创建基准平面。单击"主页"选项卡中"特征"功能区里的"基准平面"按钮▢，系统弹出"基准平面"对话框，在"类型"下拉列表中选择"按某一距离"选项，选择实体右侧面为参考面，在"距离"文本框中输入"30"，单击"确定"按钮，完成基准平面的创建，如图 3-111 所示。

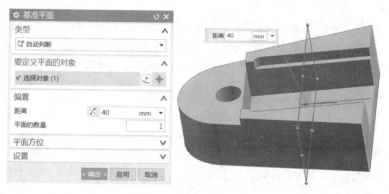

图 3-111　基准平面的创建

(2) 绘制球心。单击选项卡"主页"→"草图"按钮▧，选择上一步创建的基准平面为草绘平面，绘制草图如图 3-112 所示，绘制完成后单击"完成"按钮✖，退出草图绘制环境。

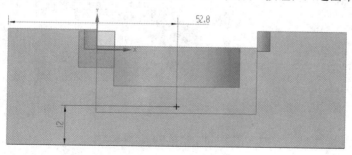

图 3-112　绘制球心

(3) 绘制球体进行修剪。单击"主页"选项卡中"特征"功能区里的"球"按钮 ，系统弹出"球"对话框，在"类型"下拉列表中选择"中心点和直径"选项，选择上一步绘制的点为中心，其他设置如图 3-113 所示，选择原实体做布尔求差，单击"确定"按钮，完成球体的修剪，结果如图 3-113 所示。

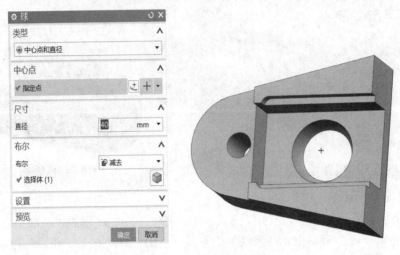

图 3-113　球体设置及结果

5) 创建两边切除特征

(1) 单击"主页"选项卡中"特征"功能区里的"拉伸"按钮 ，系统弹出"拉伸"对话框，在上一步绘制的草图中选择要拉伸的截面曲线，其他设置如图 3-114 所示，然后单击"确定"按钮，完成左侧拉伸体的创建，结果如图 3-115 所示。

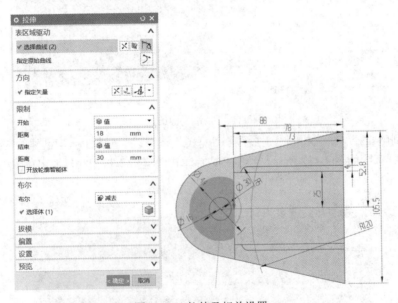

图 3-114　拉伸及相关设置

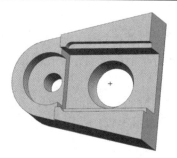

图 3-115 拉伸结果

(2) 单击"主页"选项卡中"特征"功能区里的"拉伸"按钮 ▦，系统弹出"拉伸"对话框，选择 XC-YC 平面为草绘平面，绘制的草图及其他设置如图 3-116 所示，然后单击"确定"按钮，完成右侧拉伸体的创建，结果如图 3-117 所示。

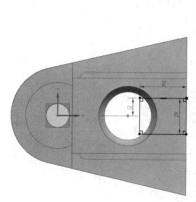

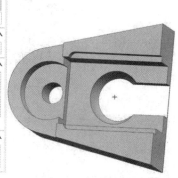

图 3-116 拉伸及相关设置 　　　　　图 3-117 拉伸结果

6) 创建实体上的孔

(1) 创建左侧 3 个 M3 的孔。单击"主页"选项卡中"特征"功能区里的"孔"按钮 ◈，系统弹出"孔"对话框，在"类型"下拉列表中选择"螺纹间隙孔"选项，指定孔的位置时，在左侧拉伸体顶面单击，系统就以该面作为草图平面，进入草绘模式，绘制如图 3-118 所示的 3 个点，绘制完成后退出草图，返回"孔"对话框，其他设置如图 3-118 所示，选择原实体做布尔求差，单击"确定"按钮，完成孔的创建，结果如图 3-119 所示。

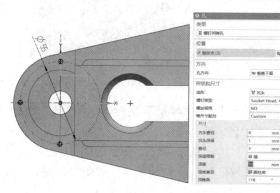

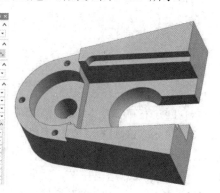

图 3-118 孔位置草图及相关设置 　　　　　图 3-119 打孔结果

(2) 创建右侧 4 个 M4 的孔：

① 单击选项卡"主页"→"草图"按钮，选择右侧拉伸体顶面为草绘平面，进入草绘模式，绘制如图 3-120 所示的四个点作为四个孔的轴线位置，绘制完成后单击"完成"按钮，退出草图绘制环境。

② 单击"主页"选项卡中"特征"功能区里的"孔"按钮，弹出"孔"对话框，选上一步绘制的 4 点，其他设置如图 3-121 所示，单击"确定"按钮，完成孔的创建，结果如图 3-122 所示。

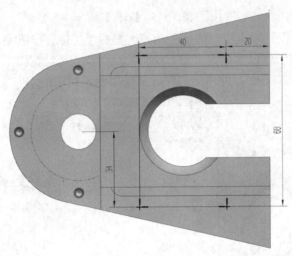

图 3-120　孔位置草图

图 3-121　孔的相关设置　　　　　　　　　图 3-122　孔结果

(3) 创建右端 2 个 M6 的孔。单击"主页"选项卡中"特征"功能区里的"孔"按钮，系统弹出"孔"对话框，在"类型"下拉列表中选择"螺纹间隙孔"选项，指定孔的位置时在右端面单击，系统就以该面作为草图平面，进入草绘模式，绘制如图 3-123 所示的 2个点，绘制完成后退出草图，返回"孔"对话框，其他设置如图 3-124 所示，选择原实体做布尔求差，单击"确定"按钮，完成孔的创建，结果如图 3-125 所示。

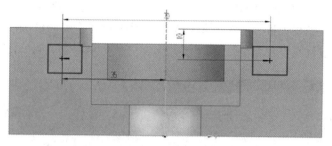

图 3-123 孔位置草图

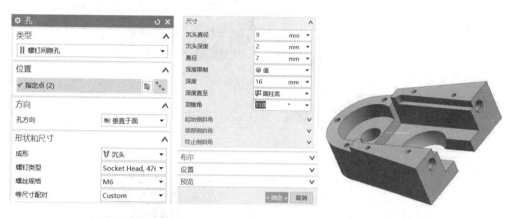

图 3-124 孔的相关设置

图 3-125 孔结果

7) 创建实体背面的拉伸切除特征

同理使用拉伸特征,在第一步创建的草图中选择需要的曲线作为草图截面,其他设置如图 3-126 所示,结果如图 3-127 所示。

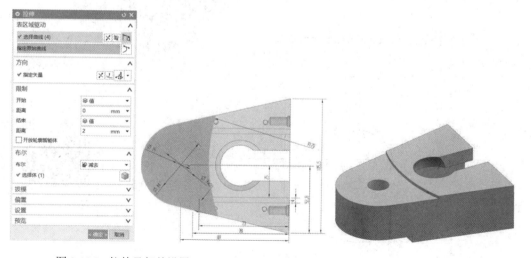

图 3-126 拉伸及相关设置

图 3-127 拉伸结果

8) 创建 R1 倒圆角

单击"主页"选项卡中"特征"功能区里的"边倒圆"按钮 ，系统弹出"边倒圆"

对话框，在"半径 1"文本框中输入"1"，选择球形切除部分的下边线，然后单击"确定"按钮，完成倒圆，结果如图 3-128 所示。至此，零件建模完成，单击快捷访问工具条中的"保存"按钮█进行文件保存。

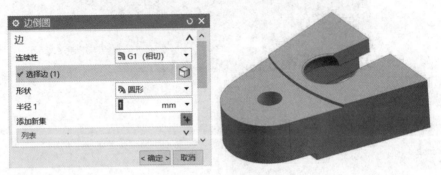

图 3-128　倒圆角结果

7. 完成如图 3-129 所示的实体模型。

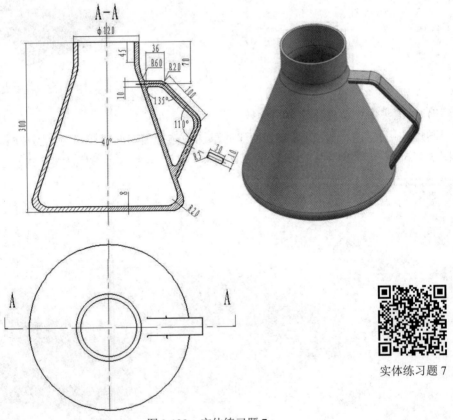

实体练习题 7

图 3-129　实体练习题 7

作图步骤如下：

1) 新建模型文件

选择下拉菜单"文件"→"新建"命令(或单击"新建"按钮█)。系统弹出"新建"

对话框，在"模型"选项卡的"模板"区域中选择模板类型为 模型，在"名称"文本框中输入文件名后，单击"确定"按钮，完成新文件的建立。

2) 创建水壶主体

(1) 单击"主页"选项卡中"特征"功能区里的"旋转"按钮，弹出"旋转"对话框，点击"绘制截面"按钮，选择 XC-ZC 平面为草绘平面，绘制草图如图 3-130 所示，绘制完成后单击"完成"按钮，退出草图绘制环境，其他设置如图 3-130 所示，然后单击"确定"按钮，完成旋转，结果如图 3-131 所示。

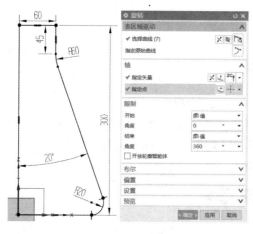

图 3-130 旋转草图及相关设置

图 3-131 旋转结果

(2) 单击"主页"选项卡中"特征"功能区里的"抽壳"按钮，系统弹出"抽壳"对话框，选择旋转体上顶面为移除面，其他设置如图 3-132 所示，然后单击"确定"按钮，完成抽壳，结果如图 3-133 所示。

图 3-132 抽壳相关设置

图 3-133 抽壳结果

4) 创建水壶手柄

(1) 建立引导线。单击选项卡"主页"→"草图"按钮，或者单击"菜单"下拉列表，选择"插入"→"在任务环境中绘制草图"命令，选择 XC-ZC 平面为草绘平面，绘制草图如图 3-134 所示，绘制完成后单击"完成"按钮，退出草图绘制环境。

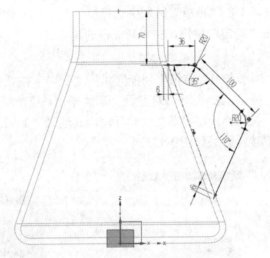

图 3-134　引导线草图

(2) 创建基准平面。单击"主页"选项卡中"特征"功能区里的"基准平面"按钮，系统弹出"基准平面"对话框，设置如图 3-135 所示，选择引导线的一个端点作为参考几何体，单击"确定"按钮，完成基准平面的创建，结果如图 3-135 所示。

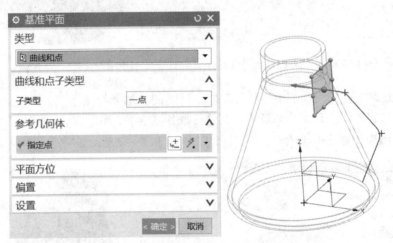

图 3-135　创建基准平面相关设置及结果

(3) 建立截面曲线。单击选项卡"主页"→"草图"按钮，或者单击"菜单"下拉列表，选择"插入"→"在任务环境中绘制草图"，选择上一步建立的基准面为草绘平面，绘制草图如图 3-136 所示，绘制完成后单击"完成"按钮，退出草图绘制环境。

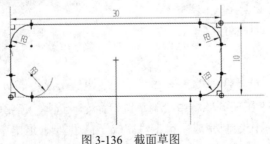

图 3-136　截面草图

(4) 单击"主页"选项卡中"特征"功能区里的"沿引导线扫掠"按钮，系统弹出"沿引导线扫掠"对话框，分别选择截面曲线和引导线，其他设置如图 3-137 所示，然后单击"确定"按钮，完成扫掠，结果如图 3-138 所示。至此，实体模型创建完成，单击快捷访问工具条中的"保存"按钮进行文件保存。

图 3-137 扫掠及相关设置

图 3-138 扫掠结果

8. 完成如图 3-139 所示的实体模型。

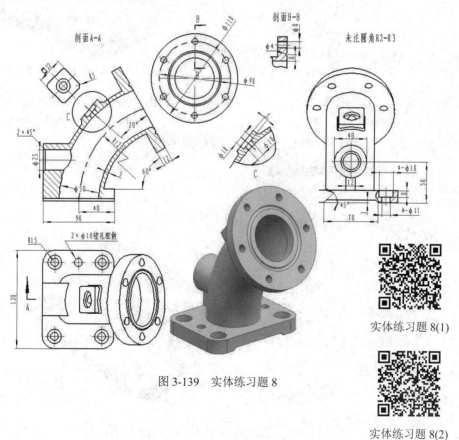

图 3-139 实体练习题 8

实体练习题 8(1)

实体练习题 8(2)

作图步骤如下：

1) 新建模型文件

选择下拉菜单"文件"→"新建"命令(或单击"新建"按钮 ），系统弹出"新建"对话框，在"模型"选项卡的"模板"区域中选择模板类型为 模型，在"名称"文本框中输入文件名后，单击"确定"按钮，完成新文件的建立。

2) 绘制底板

(1) 单击"主页"选项卡中"特征"功能区里的"拉伸"按钮 ，系统弹出"拉伸"对话框，在该对话框中单击"绘制截面"按钮，选择 XC-YC 平面作为草绘平面，拉伸截面及其他设置如图 3-140 所示，然后单击"确定"按钮，完成拉伸特征，结果如图 3-141 所示。

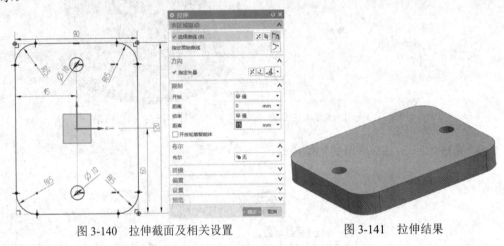

图 3-140　拉伸截面及相关设置　　　　　图 3-141　拉伸结果

(2) 单击"主页"选项卡中"特征"功能区里的"孔"按钮 ，系统弹出"孔"对话框，指定 4 个圆角中心作为孔的中心位置，其余参数如图 3-142 所示，选择底板进行减去，然后单击"确定"按钮，完成孔的创建，结果如图 3-143 所示。

图 3-142　孔相关设置　　　　　图 3-143　孔结果

(3) 单击"主页"选项卡中"特征"功能区里的"拉伸"按钮▥，系统弹出"拉伸"对话框，在该对话框中单击"绘制截面"按钮，选择 YC-ZC 平面作为草绘平面，拉伸截面如图 3-144 所示，在"距离"文本框中输入对称值"45"，布尔选择"减去"底板，然后单击"确定"按钮，完成拉伸特征，结果如图 3-145 所示。

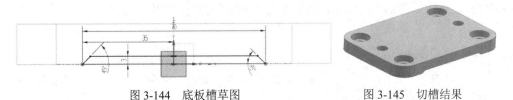

图 3-144 底板槽草图   图 3-145 切槽结果

3) 创建弯管部分

(1) 绘制引导线。单击选项卡"主页"→"草图"按钮▤，或者单击"菜单"下拉列表，选择"插入"→"在任务环境中绘制草图"命令，选择 XC-ZC 平面为草绘平面，绘制草图(注意：草图由一段圆弧和下面一段相切直线组成)如图 3-146 所示，绘制完成后单击"完成"按钮▧，退出草图绘制环境。

(2) 绘制截面。采用同样的方法，选择底板上表面为草绘平面，绘制草图如图 3-147 所示，绘制完成后单击"完成"按钮▧，退出草图绘制环境。

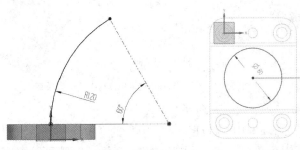

图 3-146 绘制引导线草图   图 3-147 绘制截面草图

(3) 单击"主页"选项卡中"特征"功能区里的"沿引导线扫掠"按钮▨，系统弹出"沿引导线扫掠"对话框，选择ϕ60 的圆作为截面，选择引导线中圆弧段(按"单条曲线"的方式拾取)作为引导线，其他设置如图 3-148 所示，然后单击"确定"按钮，完成扫掠，结果如图 3-149 所示。

图 3-148 扫掠及相关设置   图 3-149 扫掠结果

(4) 单击选项卡"主页"→"草图"按钮🗒，选择上一步创建的扫掠实体端面为草绘平面，绘制φ50 的圆，如图 3-150 所示。

(5) 单击"主页"选项卡中"特征"功能区里的"沿引导线扫掠"按钮✎，选择φ50 的圆作为截面曲线，选择第(1)步绘制的引导线(按"相切曲线"的方式拾取整段圆弧和相切线)，其他设置如图 3-151 所示，然后单击"确定"按钮，完成弯管内部切除，如图 3-151 所示。

💡 注意：绘制弯管部分方法比较多，除采用书中介绍的"沿引导线扫掠"命令外，我们还可以采用"扫掠"或者"管"命令。其中，采用"扫掠"命令创建步骤与"沿引导线扫掠"基本一致，而采用"管"命令可以不必创建截面，直接输入外径和内径即可。

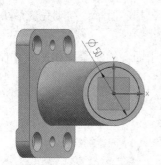

图 3-150　扫掠截面　　　　　　　　　　图 3-151　扫掠相关设置及结果

4) 创建顶部圆盘

(1) 单击"主页"选项卡中"特征"功能区里的"拉伸"按钮▥，系统弹出"拉伸"对话框，在该对话框中单击"绘制截面"按钮，选择扫掠体顶面作为草绘平面，拉伸截面及其他设置如图 3-152 所示，然后单击"确定"按钮，完成拉伸特征，结果如图 3-153 所示。

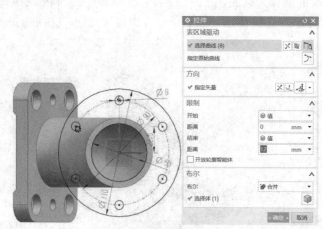
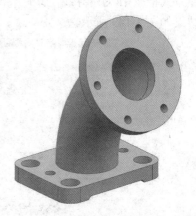

图 3-152　拉伸截面及相关设置　　　　　　　图 3-153　拉伸结果

(2) 创建基准轴。单击"主页"选项卡中"特征"功能区里的"基准轴"按钮，弹出"基准轴"对话框，首先选择圆盘的柱面，自动判断生成基准轴 1；接着选择 XC-ZC 平面与圆盘上表面，自动在两面相交处生成基准轴 2，单击"确定"按钮，完成基准轴的创建，如图 3-154 所示。

图 3-154　基准轴

(3) 单击"主页"选项卡中"特征"功能区里的"旋转"按钮，弹出"旋转"对话框，单击"绘制截面"按钮，选择 XC-ZC 平面为草绘平面，以上一步创建的两个相互垂直的基准轴作为绘图参考，绘制$\phi 4$的圆如图 3-155 所示，旋转轴选基准轴 1，布尔计算选择"减去"，完成旋转，结果如图 3-155 所示。

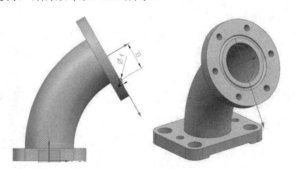

图 3-155　旋转草图及结果

5) 绘制左侧大凸台

(1) 单击"主页"选项卡中"特征"功能区里的"拉伸"按钮，系统弹出"拉伸"对话框，在该对话框中点击"绘制截面"按钮，选择底板侧面作为草绘平面，拉伸截面及其他设置如图 3-156 所示，然后单击"确定"按钮，完成拉伸特征，结果如图 3-157 所示。

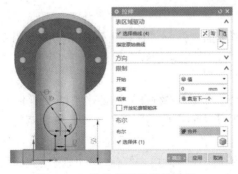

图 3-156　拉伸截面及相关设置　　　　　图 3-157　拉伸结果

(2) 同理使用拉伸特征，依然选择底板侧面作为草绘平面，绘制ϕ25 的同心圆，如图 3-158 所示。拉伸结束位置选择"直至选定"，选择弯管内曲面，布尔选择"减去"，然后单击"确定"按钮，完成拉伸特征，结果如图 3-159 所示。

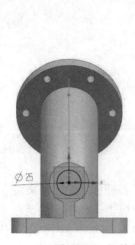

图 3-158　拉伸截面及相关设置　　　　　　　图 3-159　拉伸结果

(3) 单击"主页"选项卡中"特征"功能区里的"倒斜角"按钮，系统弹出"倒斜角"对话框，选择内孔边线进行倒角，其他设置如图 3-160 所示，然后单击"确定"按钮，完成倒斜角，结果如图 3-161 所示。

图 3-160　边倒角相关设置　　　　　　　图 3-161　边倒角结果

6) 绘制中部小凸台

(1) 单击"菜单"下拉列表，选择"插入"→"在任务环境中绘制草图"命令，选择 XC-ZC 为草绘平面，绘制草图如图 3-162 所示，绘制完成后单击"完成"按钮，退出草图绘制环境。

(2) 创建基准平面。单击"主页"选项卡中"特征"功能区里的"基准平面"按钮，系统弹出"基准平面"对话框，方式为默认的"自动判断"类型，选择弯管外表面和草图曲线的上端点，单击"应用"按钮，完成第一个基准平面的创建，如图 3-163 所示；继续选择刚才创建的基准平面，输入偏移距离"6"，单击"确定"按钮，完成第二个基准平面的创建，如图 3-164 所示。

图 3-162　绘制草图　　　　　　　　　图 3-163　第一个基准平面

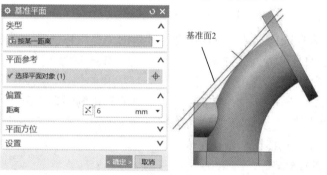

图 3-164　第二个基准平面

(3) 创建基准点。单击"主页"选项卡中"特征"功能区里的"基准点"按钮＋点，系统弹出"点"对话框，创建类型选择"交点"类型，依次选择上一步创建的第二个基准平面和草图曲线，单击"应用"按钮，完成基准点的创建，如图 3-165 所示。

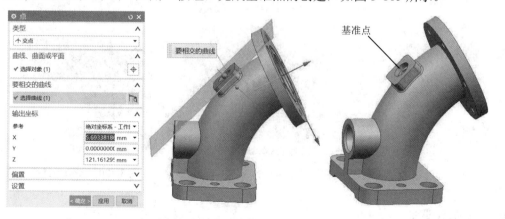

图 3-165　基准点对话框及创建结果

(4) 单击"主页"选项卡中"特征"功能区里的"拉伸"按钮██，系统弹出"拉伸"对话框，在该对话框中点击"绘制截面"按钮，选择上一步创建的基准平面 2 作为草绘平面，拉伸截面及其他设置如图 3-166 所示，然后单击"确定"按钮，完成拉伸特征，结果如图 3-167 所示。

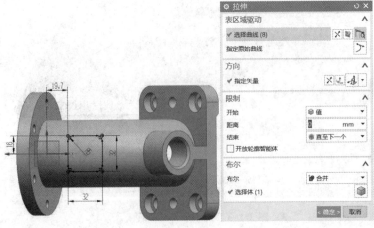

图 3-166　拉伸截面及相关设置　　　　　　　图 3-167　拉伸结果

（5）单击"主页"选项卡中"特征"功能区里的"孔"按钮🔲，系统弹出"孔"对话框，指定前面创建的基准点为孔轴线的位置，其余参数按照图 3-168 设置，选择上一步创建的拉伸体进行减去，然后单击"确定"按钮，完成孔的创建，结果如图 3-169 所示。

（6）单击"主页"选项卡中"特征"功能区里的"边倒圆"按钮🔲，系统弹出"边倒圆"对话框，在"半径 1"文本框中输入"2"，然后单击"确定"按钮，完成边倒圆，如图 3-170 所示。至此，实体模型创建完成。

图 3-168　孔相关设置　　　　　　图 3-169　孔结果　　　　　　图 3-170　倒圆角结果

四、思政小课堂

本项目课程思政内容设计围绕实体建模训练进行讲授，引入 2022 年全国"两会"代表"断指铁人"王尚典纵使失去一根手指，仍自强不息、不断突破，创造出了我国独有的食指掌控主导测量手法，最终站上全国车工技术比武最高领奖台的事迹，引导学生形成坚守执着、投身专业的坚定信心。

项目四　三维实体特征的编辑及操作

一、学习目的

(1) 了解同步建模的基本流程。

(2) 掌握特征复制与阵列的创建方法。

(3) 掌握特征编辑的方法。

二、知识点

(1) 布尔实体的运算：通过对两个以上的物体进行并集、差集、交集运算，从而得到新实体特征，用于处理实体造型中多个实体的合并关系。

(2) 同步建模：通过对面进行移动、偏置、替换等操作，而不考虑模型的原点、关联性或特征历史记录，具体有创建面倒圆、移动面、替换面、删除面和偏置区域等命令。

(3) 特征复制与阵列：通过对模型的边、面和已经创建的特征进行拔模、抽壳、加厚、阵列等操作完成模型的精细加工。

(4) 特征编辑：对当前面通过实体造型特征进行各种编辑或修改。

三、练习题参考答案

1. 特征编辑常用命令有哪些？

答：特征编辑常用命令有编辑特征参数🔧、编辑特征位置🔧、特征重排序🔧、特征抑制🔧、取消抑制特征🔧、替换特征🔧和移动特征🔧等 7 种命令。

2. 特征编辑的作用是什么？

答：特征编辑是指在特征建立后，能快速对其进行修改而采用的操作命令。当然，不同的特征有不同的编辑对话框。编辑特征位置是对特征的定位尺寸进行编辑。移动特征是移动特征到指定的位置。在特征建模中，特征添加具有一定的顺序，特征重排序是改变目标体上特征的顺序。特征抑制是在建模中将不需要改变的一些特征用特征抑制命令隐去，这样操作时更新速度快，而取消抑制特征操作是对抑制特征进行解除。

3. 如何编辑特征？

答：编辑特征的种类有编辑特征尺寸、编辑位置、移动特征、替换特征、抑制特征等。以"编辑参数"为例，单击"编辑特征"工具栏中的"编辑参数"按钮🔧，弹出"编辑参数"对话框，选择特征进行编辑。许多特征的参数编辑同特征创建时的对话框一样，可以直接修改参数，如长方体、孔、边倒圆、面倒圆等。编辑特征操作的方法很多，它随编辑特征的种类不同而不同，一般有以下几种方式。

(1) 选取"编辑特征"工具栏中的命令按钮，对特征进行编辑。

(2) 用鼠标右键单击模型特征，弹出包含"编辑特征"的快捷菜单。

(3) 单击"菜单"→"编辑"→"特征"命令，打开次级菜单。

4. 采用本项目所讲命令绘制如图 4-1 所示的图形，创建出支承座。

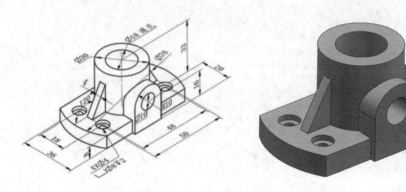

图 4-1　支承座

操作步骤如下：

1) 新建文件

在名称文本框中输入文件名称"支承座"，单击"确定"按钮。

绘制支承座

2) 创建底板和圆柱的草图

在 XY 平面创建如图 4-2 所示草图。

3) 拉伸形成底板

在上边框条的"曲线规则"下拉列表中选择"相连曲线"，如图 4-3 所示。之后选择外框线作为拉伸截面，在"限制"选项组下选择"开始"为"值"，距离为 0，"结束"为"值"，距离为 8，布尔运算为无，如图 4-4 所示。

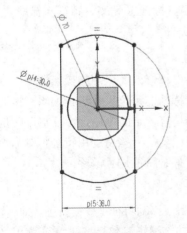

图 4-2　绘制底板和圆柱的草图　　　　图 4-3　"曲线规则"下拉列表

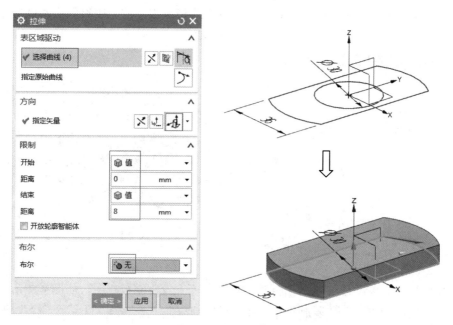

图 4-4　拉伸形成底板

4) 拉伸形成圆柱

先选择圆柱轮廓，指定拉伸距离为 33，布尔运算为"合并"，完成圆柱的拉伸，如图 4-5 所示。

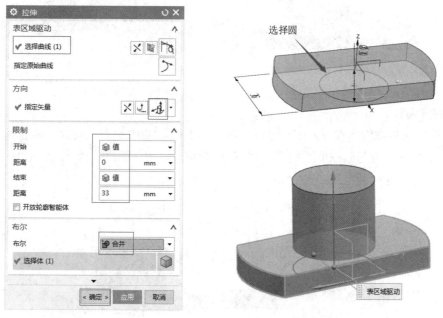

图 4-5　拉伸形成圆柱

5) 创建基准平面

创建一个与 YZ 平面平行且相距 20 的平面，在功能区单击"主页"→"特征"→"基准平面" ，弹出"基准平面"对话框，如图 4-6 所示。在"类型"列表中选择"按某一

距离 "或" 自动判断"，选择 YZ 平面，在 "偏置" 选项组下的 "距离" 文本框中输入距离值 20。单击 "确定" 按钮，完成基准平面的创建。

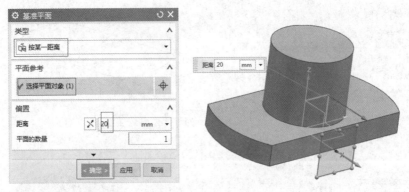

图 4-6　创建基准平面

6) 创建半圆头立板

(1) 拉伸形成立板。在步骤 5 所创建的基准平面上绘制立板草图，如图 4-7 所示。指定拉伸方向为指向实体，在 "限制" 选项组下的 "结束" 项中选择 "直至下一个"(即沿拉伸方向拉伸至与下一个对象相交)，布尔运算为 "合并"，完成立板的创建，如图 4-8 所示。

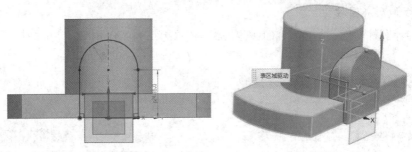

图 4-7　绘制立板草图　　　　　　图 4-8　拉伸形成立板

7) 创建筋板

(1) 绘制筋板草图。在 YZ 平面上绘制如图 4-9 所示图(仅绘制一条线，该线一端落在底板面上；另一端可与圆柱面不相交，如图 4-9(a)所示，也可与圆柱面相交，如图 4-9(b)所示)。

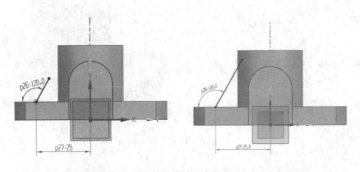

(a) 方式一：与圆柱面不相交　　　(b) 方式二：与圆柱面相交

图 4-9　绘制筋板草图

(2) 拉伸形成筋板。单击"拉伸"按钮，弹出"拉伸"对话框，选择绘制的直线，在"限制"选项组下选择"对称值"，"距离"文本框中输入值2，勾选"开放轮廓智能体"，拉伸方向指向实体，如图4-10所示，布尔运算为"合并"，完成筋板的拉伸。

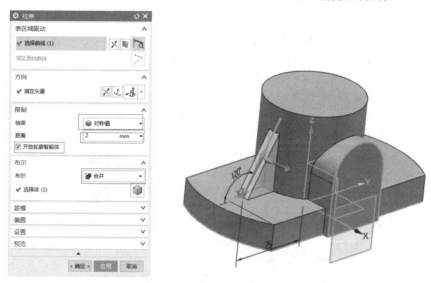

图4-10 拉伸形成筋板

8)镜像筋板

单击"镜像特征"，选择筋板作为要镜像的特征，选择 XZ 平面作为镜像平面，单击鼠标中键，完成筋板的镜像，如图4-11所示。

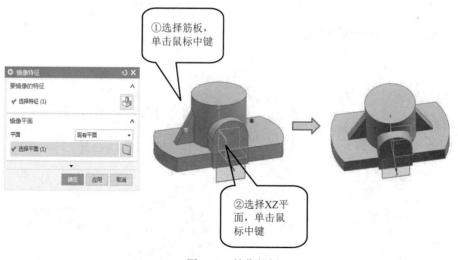

图4-11 镜像筋板

9) 创建圆筒上φ18的孔

(1) 在功能区单击"主页"→"特征"→"孔"，弹出"孔"对话框。

(2) 指定孔类型。在"孔"对话框的"类型"选项组下选择"常规孔"。

(3) 确定孔位置。捕捉圆柱上表面圆心。

(4) 确定孔方向。在"孔"对话框的"方向"选项组中选择"垂直于面"。

(5) 指定孔的形状和尺寸。在对话框的"成形"(即形状)下拉列表中选择"简单孔"；在"直径"文本框中输入 18，"深度限制"为贯通体。

(6) 单击"应用"按钮，即创建了一个与圆柱同轴且直径为 18 的通孔，如图 4-12 所示。

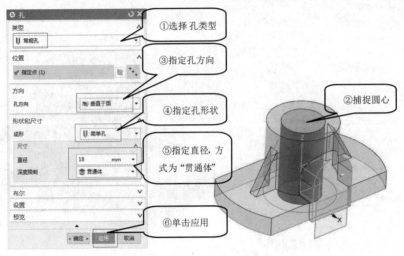

图 4-12　创建ϕ18 通孔

10) 创建立板上ϕ10 的孔

(1) 捕捉立板上半圆头 R10 的圆心，在"直径"文本框中输入 10，"深度限制"为"直至选定"，单击ϕ18 孔的表面，即创建一个与 R10 同心，直径为ϕ10 且与ϕ18 孔相交的孔，如图 4-13 所示。

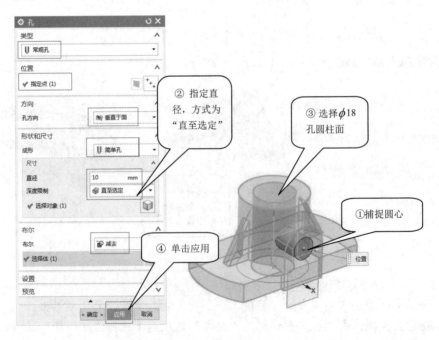

图 4-13　创建ϕ10 的孔

11) 创建底板上的阶梯孔

(1) 选择孔的放置平面，确定孔的位置。

① 移动光标至底板上表面处，待其高亮显示时单击(即选择上表面为孔的放置平面)，如图 4-14(a)所示。

② 系统自动转换到草图环境并打开"草图点"对话框，且在底板上表面出现一个点，关闭"草图点"对话框，做两次镜像操作，得到 4 个点，并标注确定点位置(点位置即为孔中心的位置)的两个尺寸"18"和"48"，如图 4-14(b)所示。

③ 单击鼠标右键，选择图标，退出草图环境，返回"孔"对话框。

(2) 指定孔的形状和尺寸。

① 在"成形"下拉列表中选择"沉头"，在"尺寸"选项组中选择"沉头直径"为8、"沉头深度"为2、"直径"为4、"深度限制"为"贯通体"，如图 4-14(c)所示。

② 单击"确定"按钮，完成孔的创建，如图 4-14(d)所示。

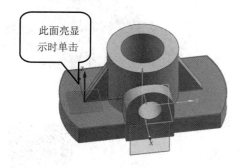

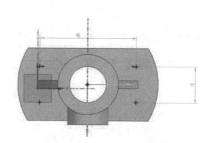

(a) 选择孔的放置平面　　　　　(b) 绘制 4 个点并标注尺寸，确定孔的位置

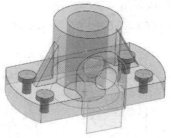

(c) 指定孔的形状及尺寸

(d) 创建的孔置

图 4-14　创建阶梯孔

12) 保存文件

隐藏所有草图与基准，并保存文件，完成支承座的创建。

5. 采用本项目所讲的命令绘制如图 4-15 所示的图形，创建出基座。

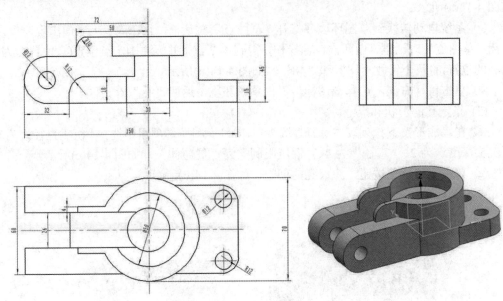

图 4-15　基座

操作步骤如下：

绘制基座

1) 新建文件

在"名称"文本框中输入文件名称"基座"，单击"确定"按钮。

2) 创建底板草图

在 XY 平面创建如图 4-16 所示草图。

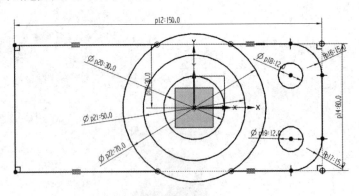

图 4-16　绘制草图

3) 拉伸特征 1

(1) 在上边框条的"曲线规则"下拉列表中选择"区域边界曲线"，如图 4-17 所示。

(2) 在绘图区选择底板轮廓线左侧区域作为拉伸的截面，在"限制"选项组下选择"结束"为"值"，距离为 32，布尔运算为无，如图 4-18 所示。

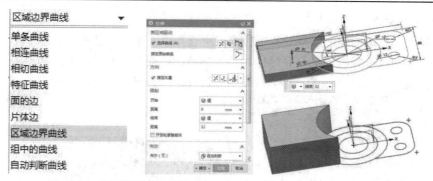

图 4-17　"曲线规则"下拉列表　　　　　　　图 4-18　拉伸特征 1

4) 拉伸特征 2 和 3

(1) 在上边框条的"曲线规则"下拉列表中选择"区域边界曲线"。

(2) 在绘图区依次选择外圈两圆作为拉伸的截面，在"限制"选项组下选择"结束"为"值"，距离为 45，布尔运算为求和，如图 4-19 所示。

(3) 同理，在绘图区依次选择内圈两圆作为拉伸的截面。在"限制"选项组下选择"结束"为"值"，距离为 32，布尔运算为求和，完成特征 3 的拉伸，如图 4-20 所示。

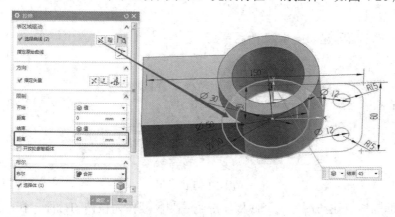

图 4-19　拉伸特征 2

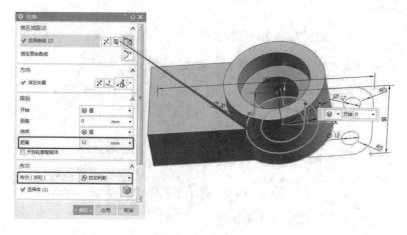

图 4-20　拉伸特征 3

5) 拉伸特征 4

(1) 在上边框条的"曲线规则"下拉列表中选择"区域边界曲线"。

(2) 在绘图区选择右侧剩余区域作为拉伸的截面。在"限制"选项组下选择"结束"为"值",距离为 15,布尔运算为求和,完成特征 4 的拉伸,如图 4-21 所示。

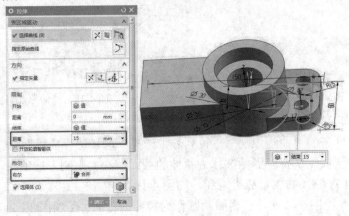

图 4-21　拉伸特征 4

6) 创建筋板

(1) 在 XZ 平面创建如图 4-22 所示草图。

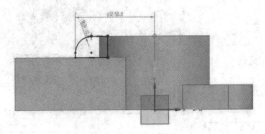

图 4-22　绘制草图

(2) 拉伸筋板。在绘图区选择底板轮廓线左侧区域作为拉伸的截面,在"限制"选项组下选择"结束"为"对称值",距离为 16,布尔运算为求和,完成筋板的拉伸,如图 4-23 所示。

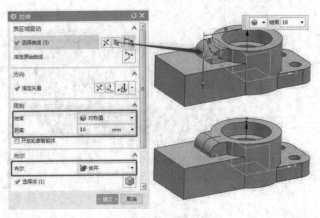

图 4-23　拉伸筋板

7）边倒圆

在绘图区选择左侧上边缘和下边缘。在"边"对话框中选择"半径 1"选项组，值为 16，完成边倒圆，如图 4-24 所示。

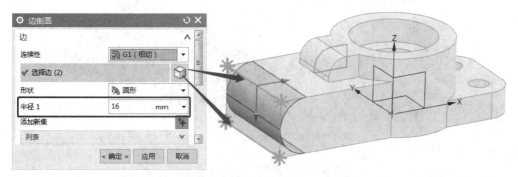

图 4-24　边倒圆

8）创建拉伸修剪部分

(1) 在 XZ 平面创建如图 4-25 所示草图。

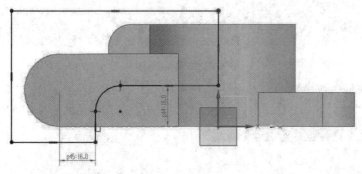

图 4-25　绘制草图

(2) 拉伸修剪实体。在绘图区选择步骤 6)草图作为拉伸的截面，在"限制"选项组下选择"结束"为"对称值"，距离为 12，布尔运算为减去，完成筋板的拉伸，如图 4-26 所示。

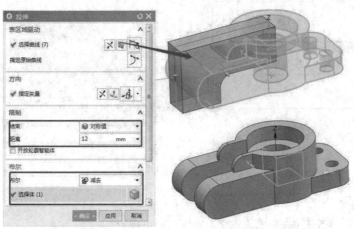

图 4-26　拉伸修剪实体

9) 创建通孔

(1) 选取图 4-27 所示区域为草图平面，绘制草图，如图 4-27 所示。

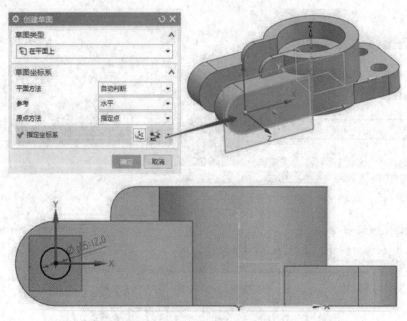

图 4-27　绘制草图

(2) 在"拉伸"对话框的"方向"选项组下选择"指定矢量"为+YC 轴，在"限制"选项组下选择"结束"为"贯通"，布尔运算为减去，完成通孔创建拉伸，如图 4-28 所示。

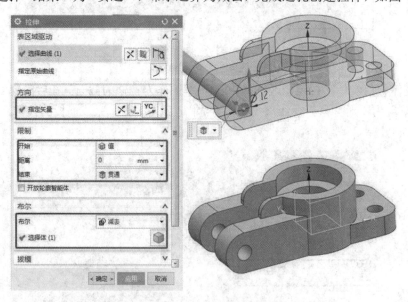

图 4-28　通孔创建

10) 保存零件模型

选择下拉菜单 文件(F) → 保存(S)命令，即可保存零件模型。

6. 采用本项目所讲的命令绘制图 4-29 所示的图形，创建出壳体零件。

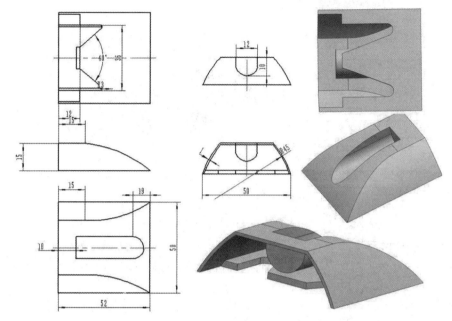

图 4-29 壳体零件

操作步骤如下：

1) 新建文件

在名称文本框中输入文件名称"壳体"，单击"确定"按钮。

2) 创建底板拉伸特征

(1) 点选 XC-YC 基准平面，绘制图 4-30 所示草图。

绘制壳体零件

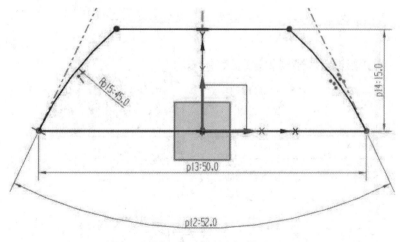

图 4-30 绘制底板草图

(2) 在"拉伸"对话框的"方向"选项组下选择"指定矢量"为 ZC 轴，在"限制"选项组下选择"结束"为"值"，距离为 52，布尔运算为无，完成底板的拉伸，如图 4-31 所示。

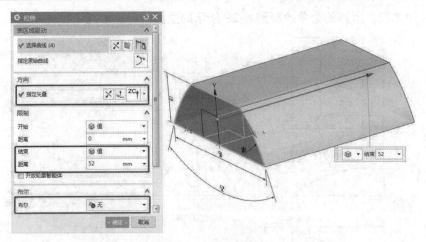

图 4-31　拉伸底板特征

3) 拉伸修剪曲面特征

(1) 选择 YC-ZC 平面作为基准平面，绘制图 4-32 所示草图。

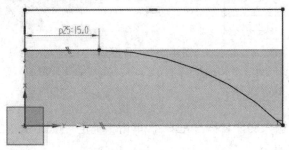

图 4-32　绘制草图

(2) 在"拉伸"对话框"方向"选项组下选择"指定矢量"为 XC 轴，在"限制"选项组下选择"结束"为"对称值"，距离为 30，布尔运算为"减去"，完成曲面修剪，如图 4-33 所示。

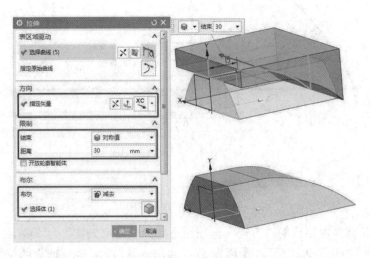

图 4-33　拉伸修剪曲面

4) 拉伸修剪凹槽

(1) 选择 YC-ZC 平面作为基准平面，绘制图 4-34 所示草图。

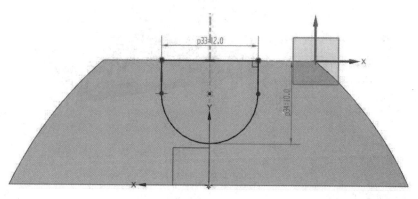

图 4-34 绘制草图

(2) 在"拉伸"对话框"方向"选项组下选择"指定矢量"为 ZC 轴，在"限制"选项组下选择"开始"为"值"，距离为 10，"结束"为"贯通"，布尔运算为"减去"，完成凹槽修剪，如图 4-35 所示。

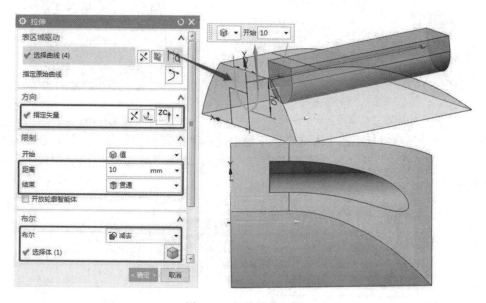

图 4-35 拉伸修剪凹槽

5) 抽壳

在功能区单击"主页"→"特征"→"抽壳" 🡥，弹出"抽壳"对话框，在"类型"选项组中选择"移除面，然后抽壳"，在"要穿透的面"选项组的"选择面"中选择左侧边区域，在"厚度"选项组的"厚度"中设置值为1；在"备选厚度"选项组"选择面"中选择底面，在"厚度 1"中设置值为2，单击"确定"按钮，完成抽壳，如图 4-36 所示。

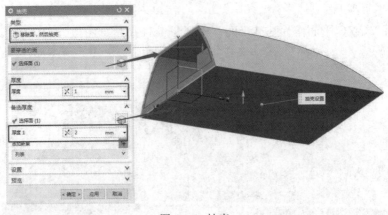

图 4-36　抽壳

6) 拉伸修剪底板

(1) 选择底板侧面区域作为草绘平面，如图 4-37 所示，绘制图 4-38 所示草图。

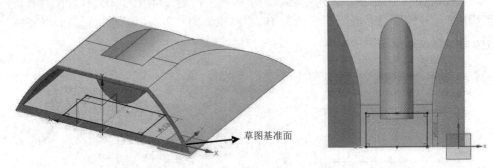

图 4-37　草图基准平面选择　　　　　　　图 4-38　绘制草图

(2) 在"拉伸"对话框的"方向"选项组下选择"指定矢量"为-YC 轴，在"限制"选项组下选择"结束"为"值"，距离为 2，布尔运算为"减去"，完成底板修剪，如图 4-39 所示。

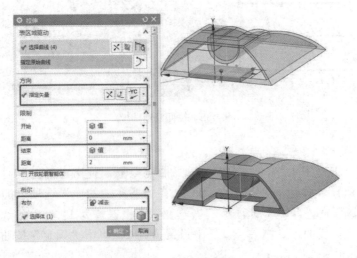

图 4-39　底板修剪

7) 替换面

(1) 依次单击"主页"→"同步建模"→"替换面" ，弹出"替换面"对话框，如图 4-40 所示。

(2) 在"原始面"选项组下选择面为左侧底板侧边，在"替换面"选项组下选择面为左边内曲面，如图 4-40(a)所示；同理，右侧替换面如图 4-40(b)所示。

(3) 单击"应用"按钮，完成替换面，如图 4-40 所示。

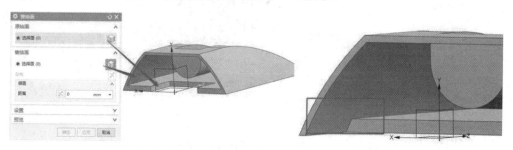

(a) 左侧替换面

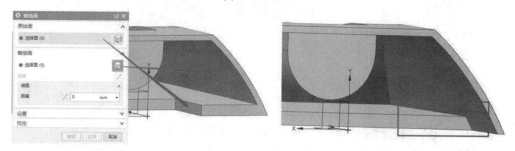

(b) 右侧替换面

图 4-40　替换面

8) 拉伸修剪特征

(1) 选择 XC-ZC 平面作为基准平面，绘制图 4-41 所示草图。

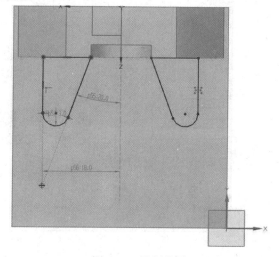

图 4-41　绘制草图

(2) 在"拉伸"对话框"方向"选项组下选择"指定矢量"为 YC 轴,在"限制"选项组下选择"结束"为"值",距离为 2,布尔运算为减去,完成底板修剪,如图 4-42 所示。

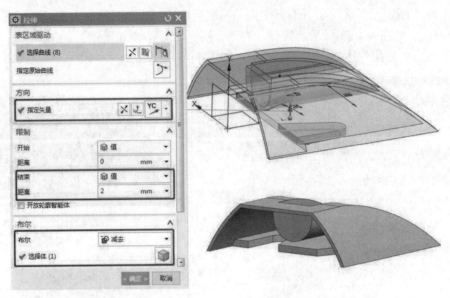

图 4-42　拉伸修剪

9) 保存零件模型

选择下拉菜单 文件(F) → 保存(S) 命令,即可保存零件模型。

7. 采用本项目所讲的命令绘制图 4-43 所示的图形,创建出摇臂零件。

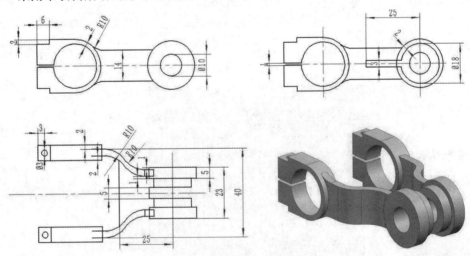

图 4-43　摇臂零件模型

操作步骤如下:

1) 新建文件

在名称文本框中输入文件名称"摇臂",单击"确定"按钮。

绘制摇臂零件

2) 创建旋转主体

(1) 草绘图形。选择 X-Y 平面作为基准平面，绘制如图 4-44 所示草图。

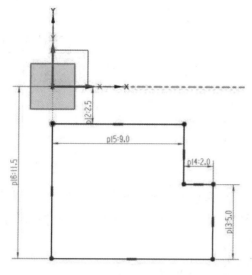

图 4-44　绘制草图

(2) 旋转操作。依次单击"插入"→"设计特征"→"旋转" 🥫，弹出"旋转"对话框，选择步骤 2 草图轮廓线，"旋转"对话框中的参数设置如图 4-45 所示。

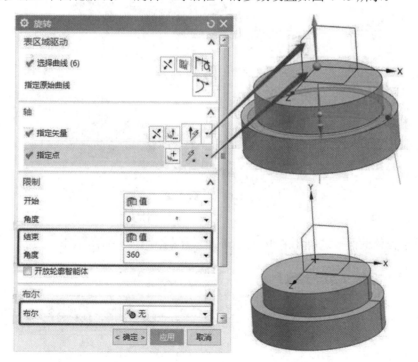

图 4-45　旋转特征

3) 创建连接杆

(1) 草绘连接杆图形。选择 X-Y 平面作为基准平面，绘制图 4-46 所示草图。

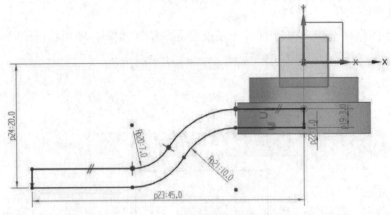

图 4-46　绘制连杆草图

(2) 拉伸连接杆。在绘图区选择步骤 3 所绘草图作为拉伸的截面，在"限制"选项组下选择"结束"为"对称值"，距离为 7，布尔运算为"求和"，完成连杆的拉伸，如图 4-47 所示。

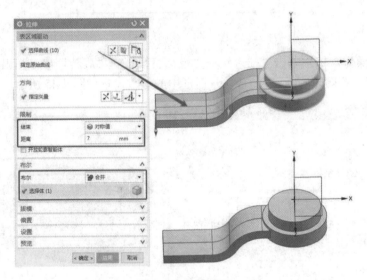

图 4-17　拉伸特征

4) 创建左侧拉伸体

(1) 草绘拉伸截面。选择图 4-48 所示平面，绘制图 4-49 所示草图。

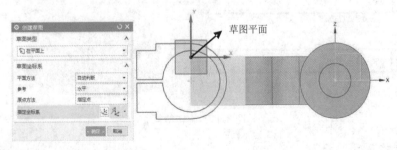

图 4-48　草图平面

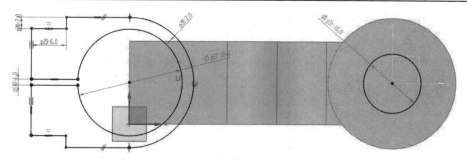

图 4-49 绘制草图

(2) 拉伸特征。在绘图区选择步骤 5 外侧草图作为拉伸的截面，在"拉伸"对话框的"方向"选项组下选择"指定矢量"为"YC 轴"，在"限制"选项组下选择"开始"为"值"，距离为-2，"结束"为"值"，距离为 5，布尔运算为"求和"，如图 4-50 所示。

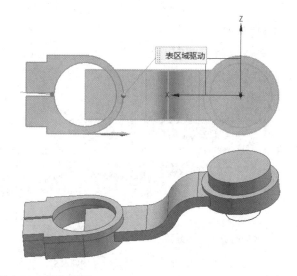

图 4-50 拉伸特征

5) 拉伸修剪通孔

在绘图上边框条的"曲线规则"下拉列表中选择"区域边界曲线"，选择图中所指区域作为拉伸对象如图 4-51 所示。在"限制"选项组下选择"结束"为"贯通"，布尔运算为"减去"，完成拉伸修剪，如图 4-52 所示。

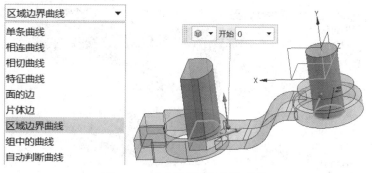

图 4-51 "曲线规则"下拉列表

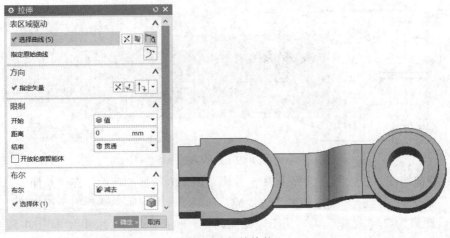

图 4-52　拉伸修剪

6) 边倒圆

在绘图区选择左侧上边缘和下边缘。在"边"对话框中选择"半径 1"选项组，值为 10，单击"确定"按钮，完成边倒圆，如图 4-53 所示。

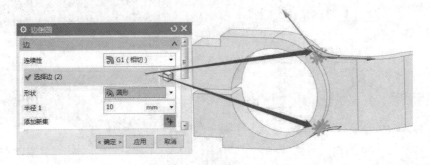

图 4-53　边倒圆

7) 镜像特征

选择前面完成的模型作为要镜像的特征，选择 XZ 平面作为镜像平面，单击鼠标中键，完成镜像特征。

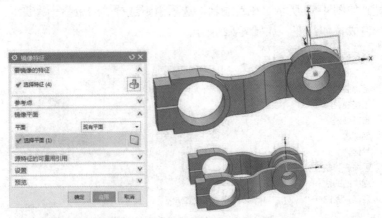

图 4-54　镜像特征

8) 拉伸凸台特征

(1) 选择 X-Y 平面作为基准平面，绘制图 4-55 所示草图。

(2) 在绘图区选择步骤 10 所绘草图作为拉伸的截面。在"拉伸"对话框"的方向"选项组下选择"指定矢量"为 ZC 轴，在"限制"选项组下选择"结束"为"对称值"，距离为 1.5，布尔运算为"求和"，如图 4-56 所示。

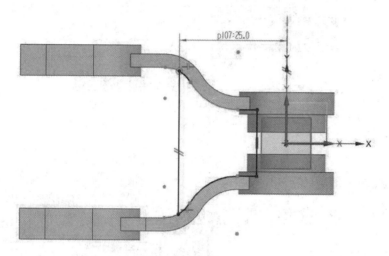

图 4-55　草图平面

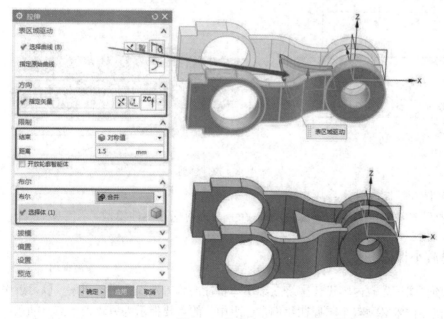

图 4-56　拉伸凸台

9) 创建通孔

(1) 选择 X-Y 平面作为基准平面，绘制图 4-57 所示草图。

(2) 在"拉伸"对话框的"方向"选项组下选择"指定矢量"为-ZC 轴，在"限制"选项组下选择"结束"为"贯通"，布尔运算为"减去"，如图 4-58 所示。

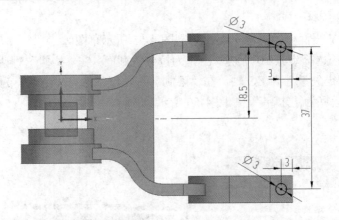

图 4-57　绘制草图

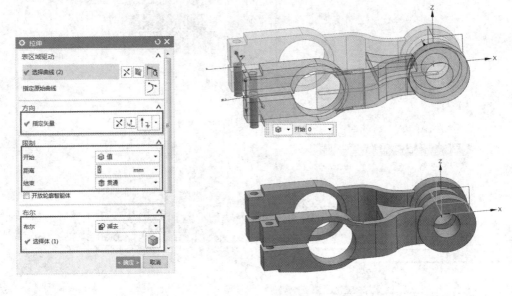

图 4-58　拉伸修剪

10) 保存零件模型

选择下拉菜单 [文件(F)] → 💾 保存(S) 命令，即可保存零件模型。

四、思政小课堂

　　本项目课程思政内容设计围绕三维实体特征的编辑及操作进行讲解，以习近平总书记"关键核心技术必须牢牢掌握在我们自己手中"的重要指示为思政切入点，插入中国一重集团陆文俊从事机械装备制造 30 多年坚持以"创新发展，关键在人"的自励事迹，引导学生树立"科技自立自强"必定有我、将小我融入大我的社会意识和奉献精神。

项目五 曲面设计

一、学习目的

(1) 了解 UG NX 12.0 利用曲线构建曲面骨架而获得曲面的基本步骤。

(2) 熟悉拉伸、旋转、扫掠、直纹、通过曲线组、通过曲线网络等方式创建曲面的各个图标按钮及有关命令的使用。

(3) 掌握延伸和规律延伸曲面、偏置曲面、修剪片体、修剪和延伸、分割面、曲面加厚、曲面缝合与取消缝合等操作方法及要点。

(4) 掌握变换曲面、四点曲面、有界曲面、N 边曲面、艺术曲面等曲面的生成及编辑方法和要点。

二、知识点

(1) 创建基本曲面特征：利用拉伸、旋转、扫掠、直纹、通过曲线组、通过曲线网络等方式创建曲面基本特征。

(2) 曲面操作：利用延伸、规律延伸、轮廓线弯边等命令进行产品造型设计，使得曲面质量得到保证。

(3) 编辑曲面特征：利用曲面编辑、操作功能对曲面进行修剪与组合、关联复制、曲面的圆角及斜角操作。通过直纹、曲线组曲面、曲线网络、艺术曲面等网络曲面功能对产品外形或结构进行比较复杂的设计。

三、练习题参考答案

1. 如图 5-1 所示异形面壳体线架的三维曲线，请根据要求完成其曲面建模。

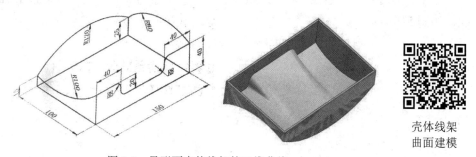

壳体线架
曲面建模

图 5-1 异形面壳体线架的三维曲线

操作步骤如下:

1) 建立模型文件

选择下拉菜单"文件"→"新建"命令,或单击"新建"按钮 📄,系统弹出"新建"对话框,在"模型"选项卡的"模板"区域中选择模板类型为 🗒 模型,在"名称"文本框中输入文件名后,单击"确定"按钮,完成新文件的建立。

2) 绘制 100×150 的矩形

依次单击"曲线"→"曲线"→"矩形" □,弹出"点"对话框;在对话框中输入矩形第 1 个角点的坐标值,X 为"0"、Y 为"0"、Z 为"0",单击"确定"按钮,再次弹出"点"对话框;输入矩形第 2 个角点的坐标值,X 为"100"、Y 为"150"、Z 为"0",单击"确定"按钮,完成矩形的绘制。如图 5-2 所示。

💡 **注意:** 在 UG NX12.0 中,默认情况下"矩形"命令处于隐藏状态,用户可采用以下方法调入: 在功能区右方的"命令查找器"中输入"矩形",按"Enter"键或单击"查找" 🔍,弹出"命令查找器"对话框,对话框列表中列出了所有与"矩形"相关的命令,找到所需的命令 □ 矩形(原有);移动鼠标至 □ 矩形(原有) 右边,待其变亮时单击 🔻,在弹出的快捷菜单中选择"添加到上边框条",即可正常使用该命令。

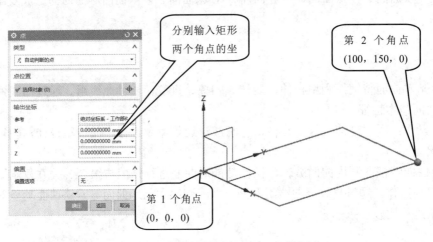

图 5-2　绘制 100×150 的矩形

3) 绘制 5 条直线

单击"曲线"→"曲线"→"直线" ╱,绘制 4 条与 Z 轴平行、1 条与 Y 轴平行的直线,如图 5-3 所示。

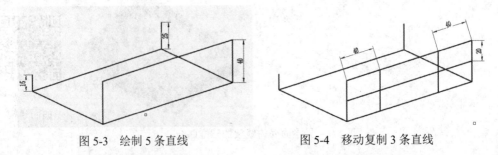

图 5-3　绘制 5 条直线　　　　　　图 5-4　移动复制 3 条直线

4) 移动复制3条直线

单击主选项卡"工具"→"实用工具"→"移动对象" ，弹出"移动对象"对话框，在"运动"下拉列表中选择"距离"，分别沿Y轴、Z轴且距离值分别为40和20进行移动复制，复制完成后结果如图5-4所示。

5) 修剪直线

(1) 依次单击主选项卡"曲线"→"编辑曲线"→"修剪曲线" ，弹出"修剪曲线"对话框，如图5-5所示。

(2) 选择要修剪的曲线及两条修剪边界，在"修剪或分割"选项组的"操作"下拉列表中选择"修剪"，在"方向"下拉列表中选择"最短的3D距离"，在"选择区域"选项中选择"放弃"(即在进行修剪操作时，选取修剪曲线的一侧即为剪去的一侧)，在"设置"选项组的"输入曲线"下拉列表中选择"隐藏"(即将原曲线隐藏)，单击"确定"按钮，完成直线的修剪，如图5-6所示。

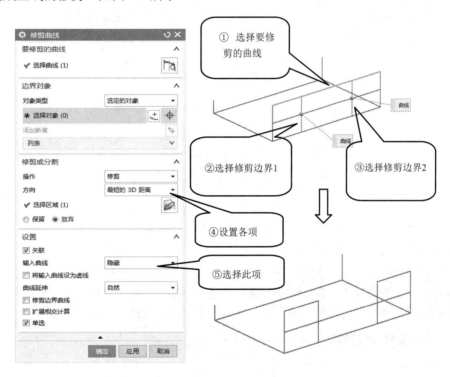

图5-5　修剪曲线对话框　　　　图5-6　修剪直线结果

6) 创建R8的圆角

(1) 调用圆角命令。依次单击"曲线"→"更多"→"基本曲线" ，弹出"基本曲线"对话框，如图5-7所示；在对话框中单击"圆角"，弹出"曲线倒圆"对话框，如图5-8所示。

(2) 倒圆角。采用"简单倒圆角"方式倒圆角。在"曲线倒圆"对话框中单击"简单圆角" ，输入半径8，在需倒圆角的4个角内侧单击，完成倒圆角操作，如图5-8所示。

 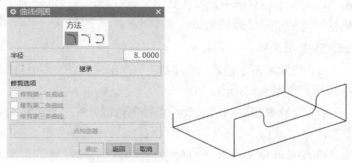

图 5-7　"基本曲线"对话框　　　图 5-8　"曲线倒圆"对话框及创建 R8 圆角结果

7) 绘制 R100、R120、R80 的圆弧

依次单击"曲线"→"曲线"→"圆弧/圆" ，弹出"圆弧/圆"对话框，采用"三点画圆弧"方式绘制 3 段圆弧，如图 5-9 所示。

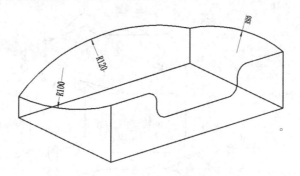

图 5-9　绘制 R100、R120、R80 圆弧

8) 采用直纹方式创建壳体的 4 个侧面

依次单击"曲面"→"曲面"→"更多"→"直纹" ，弹出"直纹"对话框，如图 5-10(a)所示；选择线串 1，单击鼠标中键，再选择线串 2，单击"应用"按钮，完成 1 个侧面的创建。采用同样的方法完成其余 3 个侧面的创建，如图 5-10(b)所示。

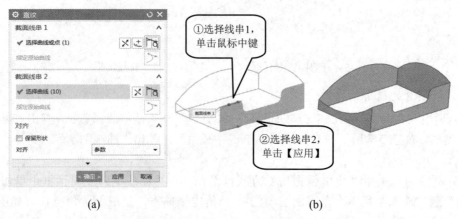

(a)　　　　　　　　　　　　(b)

图 5-10　创建壳体的 4 个侧面(直纹曲面)

9) 采用"通过曲线网格"方式创建壳体上表面

(1) 依次单击"曲面"→"曲面"→"通过曲线网格" ，弹出"通过曲线网格"对话框，如图5-11(a)所示。

(2) 选择后面 R120 的圆弧为主曲线 1，单击鼠标中键；再选择前面曲线为主曲线 2(注意每条主曲线的起点应一致、方向应一致)，单击两次鼠标中键，进入选择交叉曲线状态；选择左面 R100 的圆弧作为交叉曲线 1，单击鼠标中键；再选择右面 R80 的圆弧为交叉曲线 2(注意每条交叉曲线的起点应一致、方向应一致)；单击"确定"按钮，完成壳体上表面的创建，如图5-11(b)所示。

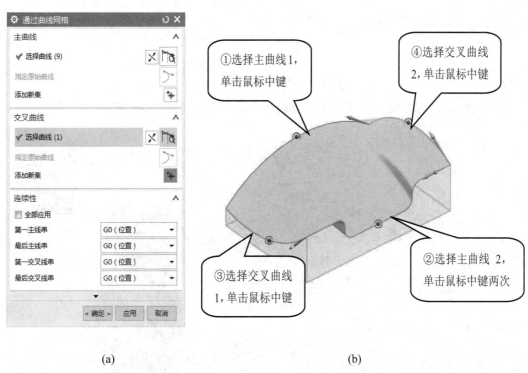

(a)　　　　　　　　　　　　　　　　(b)

图 5-11　创建壳体上表面(通过曲线网格)

10) 缝合壳体所有表面

依次单击"曲面"→"曲面工序"→"缝合" ，弹出"缝合"对话框；选择壳体上表面及 4 个侧面，单击"确定"按钮，将 5 个片体缝合成一个曲面。

11) 曲面加厚

(1) 依次单击"曲面"→"曲面工序"→"加厚" ，弹出"加厚"对话框，如图5-12(a)所示。

(2) 选择需要加厚的曲面，在"厚度"选项组的"偏置 1"中输入 2，"偏置 2"中输入 0，方向向内，单击"确定"按钮，完成曲面加厚，如图5-12(b)所示；隐藏所有片体、曲线与基准，并保存文件，异形面壳体线架的曲面建模完成。

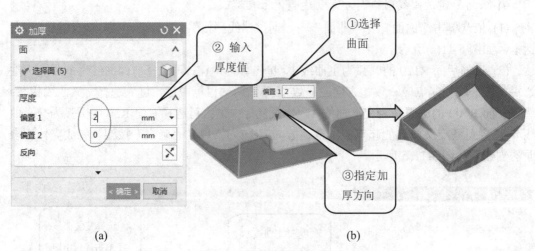

图 5-12　曲面加厚(厚度为 2)

2. 如图 5-13 所示咖啡壶线架的三维曲线，请按要求完成其曲面建模。

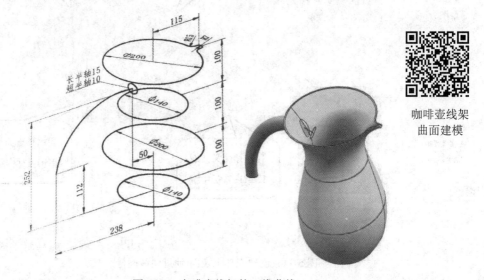

咖啡壶线架
曲面建模

图 5-13　咖啡壶线架的三维曲线

操作步骤如下：

1) 绘制壶身线框

(1) 创建 3 个与 XY 平面平行的基准平面，沿 Z 轴方向，依次相距 100，结果如图 5-14(a)所示。

(2) 绘制 4 个草图。依次单击"主页"→"直接草图"→"草图"📓，弹出"创建草图"对话框，选择 XY 平面作为草图平面绘制草图。采用同样的方法绘制另 3 个草图，结果如图 5-14(b)所示。

(3) 绘制两条艺术样条曲线。依次单击"曲线"→"曲线"→"艺术样条"↝✦，弹出"艺术样条"对话框；选择"通过点"方式，曲线阶次为 3，选择 XZ 平面作为放置平面；在绘制区单击各草绘圆的象限点及最下方圆的圆心，创建艺术样条曲线，结果如图 5-14(c)

所示。

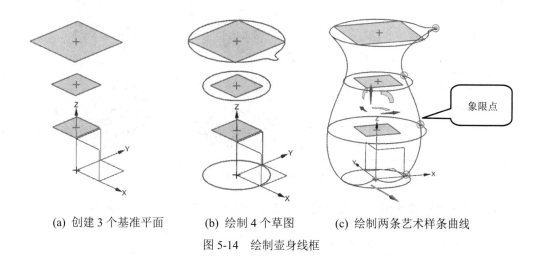

(a) 创建 3 个基准平面　　　(b) 绘制 4 个草图　　　(c) 绘制两条艺术样条曲线

图 5-14　绘制壶身线框

2) 创建壶身曲面

(1) 采用"通过曲线网络"方式创建壶身前侧面。依次单击"曲面"→"曲面"→"通过曲线网格" ，弹出"通过曲线网格"对话框；选择 4 条主曲线、2 条交叉线(艺术样条曲线)，对话框中的"连续性"选项组均为"G0(位置)"，创建的曲面如图 5-15 所示。

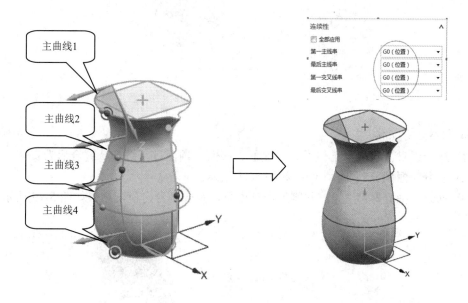

图 5-15　创建壶身前侧面

(2) 创建壶身后侧面。采用与壳身前侧面同样的方法创建壶身后侧面(也是 4 条主曲线、2 条交叉曲线)，将对话框中的"连续性"选项组"第一交叉线串"与"最后交叉线串"设为"G1(相切)"，且均选择侧面为相切约束面(即后侧面与前侧面在相交处是相切的，两者形成光滑过渡)，结果如图 5-16 所示。

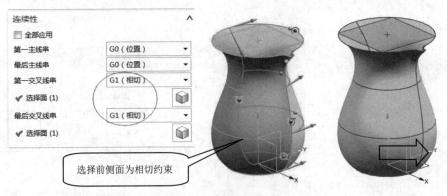

图 5-16　创建壶身后侧面

(3) 采用"有界平面"方式创建壶身顶面与底面，结果如图 5-17 所示。

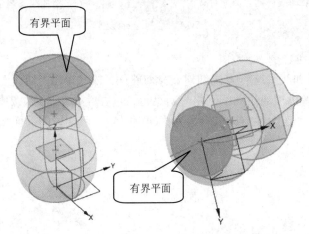

图 5-17　创建壶身顶面与底面

3) 创建壶身实体

(1) 缝合壶身。将壶身前侧面、后侧面、底面、顶面进行缝合，缝合后为实体。

(2) 壶身底面倒 R5 圆角，结果如图 5-18 所示。

(3) 抽壳。抽壳厚度为 2，并删除壶身顶面，完成壶身建模，结果如图 5-19 所示。

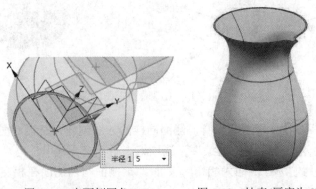

图 5-18　底面倒圆角(R5)　　　　　图 5-19　抽壳(厚度为 2)

4) 创建手柄

(1) 绘制手柄线框。选择 XZ 平面作为草图平面绘制艺术样条曲线(通过点方式),艺术样条起点与终点的坐标分别为(50, 252)、(238, 112),其余 3 点的位置由读者自定(也可参考图 5-20 所示尺寸),绘制完成后如图 5-20 所示。

(2) 绘制手柄截面。依次单击"主页"→"直接草图"→"草图"📝,弹出"创建草图"对话框;在"草图类型"列表中选择刚绘制的艺术样条曲线为路径,在其端点处绘制椭圆(长半轴为 15,短半轴为 10),绘制完成后如图 5-21 所示。

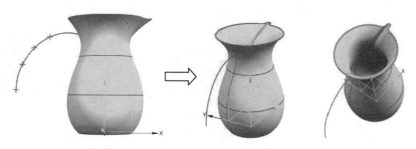

图 5-20　绘制手柄线框(艺术样条曲线)　　　　图 5-21　绘制手柄截面(椭圆)

(3) 沿引导线扫掠创建手柄。依次单击"曲面"→"曲面"→"更多"→"沿引导线扫掠"🐟,弹出"沿引导线扫掠"对话框,如图 5-22(a)所示;选择椭圆为截面,单击鼠标中键;选择艺术样条曲线为路径,单击鼠标中键;在对话框中设置"第一偏置"为 0,"第二偏置"为 0,"布尔"为无;单击"确定"按钮,完成手柄的创建,如图 5-22(b)所示。

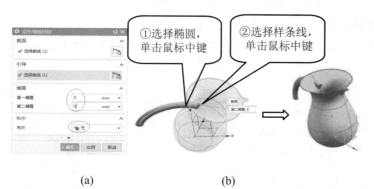

(a)　　　　　　　　　　(b)

图 5-22　创建手柄(沿引导线扫掠)

(4) 采用"修剪体"方式修剪手柄上部。修剪的目标体为手柄,刀具面为壶身内表面(将上边框条"面规则"设置为"相切面"再进行选择),修剪后如图 5-23 所示。

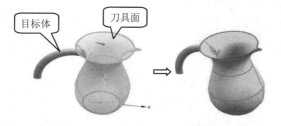

图 5-23　修剪手柄上部(修剪体)

5) 求和并创建各处圆角

将壶身、手柄求和，并在手柄底部、手柄与壶身连接处及壶口处倒 R1 的圆角。

6) 完成建模

隐藏所有草图、曲线与基准，并保存文件，咖啡壶的曲面建模完成。

3. 创建如图 5-24 所示的中空瓶三维模型和二维尺寸图，请按要求完成其曲面建模。

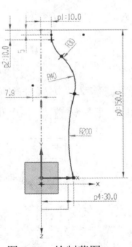

中空瓶
曲面建模

图 5-24　中空瓶

1) 新建模型文件

选择下拉菜单"文件"→"新建"命令，或单击"新建"按钮，系统弹出"新建"对话框；在"模型"选项卡的"模板"区域中选择模板类型为 📄 **模型**，在"名称"文本框中输入文件名；单击"确定"按钮，完成新文件的建立。

2) 动态旋转坐标系

在图形区中双击工作坐标系，打开坐标系操控柄和参数输入框，动态旋转 WCS，如图 5-25 所示。

3) 绘制旋转曲面

(1) 绘制草图。在菜单栏中依次选择"插入"→"在任务环境中绘制草图"命令，选取平面为 XY 平面绘制草图，如图 5-26 所示。

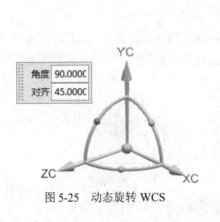

图 5-25　动态旋转 WCS

图 5-26　绘制草图

(2) 单击"旋转"按钮 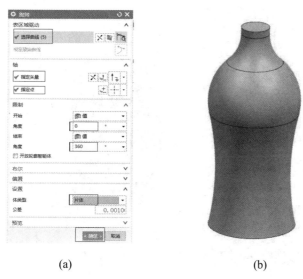，弹出"旋转"对话框，如图 5-27(a)所示；选取前面绘制的草图，指定矢量和轴点，设置创建为片体，结果如图 5-27(b)所示。

(a)　　　　　　　　　　　　　　(b)

图 5-27　创建旋转曲面

4) 拉伸曲面

(1) 绘制草图矩形。在菜单栏中依次点选"插入"→"在任务环境中绘制草图"命令，选取草图平面为 XY 平面绘制草图，如图 5-28 所示。

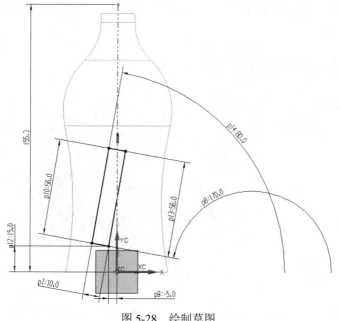

图 5-28　绘制草图

(2) 单击"拉伸"按钮 ，弹出"拉伸"对话框，如图 5-29(a)所示；选取前面绘制的草图，指定矢量，输入拉伸参数，结果如图 5-29(b)所示。

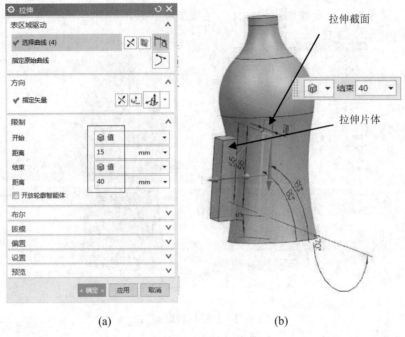

(a)   (b)

图 5-29   创建拉伸曲面

5) 偏置曲面

在菜单栏中依次点选"插入"→"偏置/缩放"→"偏置曲面"命令，弹出"偏置曲面"对话框如图 5-30(a)所示；选取要偏置的曲面，偏置距离为 5，单击"确定"按钮，完成偏置，如图 5-30(b)所示。

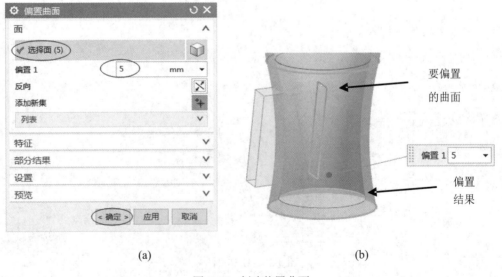

(a)   (b)

图 5-30   创建偏置曲面

6) 曲面延伸与修剪

单击"修剪与延伸"按钮 ，弹出"修剪与延伸"对话框，类型为制作拐角，选取目标体后再选取工具片体，切换方向，结果如图5-31所示。

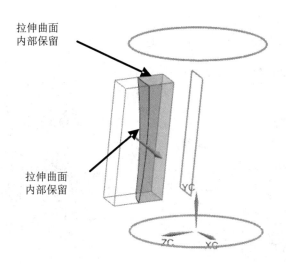

图5-31 创建修剪与延伸

7) 倒各处圆角

(1) 单击"倒圆角"按钮 ，弹出"边倒圆"对话框；选取要倒圆角的边，输入倒圆角半径值为5；单击"确定"按钮，结果如图5-32所示。

(2) 倒圆角。单击"倒圆角"按钮 ，弹出"边倒圆"对话框；选取要倒圆角的边，输入倒圆角半径值为2；单击"确定"按钮，结果如图5-33所示。

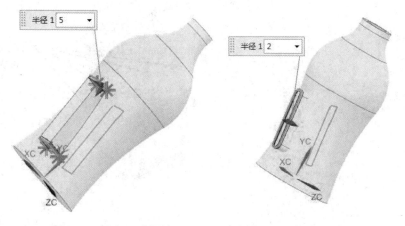

图5-32 创建R5倒圆角　　　　　　图5-33 创建R2倒圆角

8) 角度旋转复制

在菜单栏中选择"编辑"→"移动对象"命令，打开"移动对象"对话框；选取要移动的对象，单击"确定"按钮，弹出"移动对象"对话框；设置运动变换类型为角度，指定旋转矢量和轴点，输入旋转角度和副本数；单击"确定"按钮，完成移动，如图 5-34 所示。

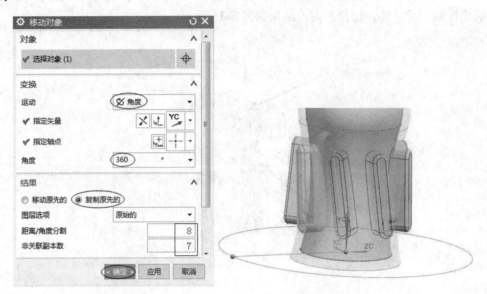

图 5-34　创建角度旋转

9) 延伸与修剪

单击"延伸与修剪"按钮 ，弹出"延伸与修剪"对话框，如图 5-35(a)所示；类型为制作拐角，选取目标体，再选取工具体，切换方向，结果如图 5-35(b)所示。

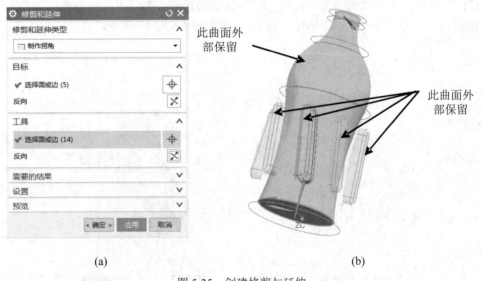

(a)　　　　　　　　　　　　　　　(b)

图 5-35　创建修剪与延伸

10) 倒圆角

单击"倒圆角"按钮 ，弹出"边倒圆"对话框；选取要倒圆角的边，输入倒圆角半径值为 5；单击"确定"按钮，结果如图 5-36 所示。

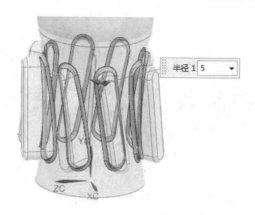

图 5-36 创建倒圆角

11) 隐藏草图

按快捷键 Ctrl + W，弹出"显示和隐藏"对话框，单击曲线栏的"—"，即可将所有曲线隐藏，结果如图 5-37 所示。

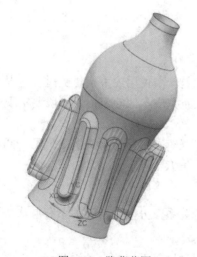

图 5-37 隐藏草图

至此，模型完成，保存文件。

四、思政小课堂

本项目课程思政内容设计围绕曲面设计进行教学，引入 2021 年大国工匠年度人物——中国兵器淮海工业集团工具钳工周建民事迹，引导学生体悟"我的工作就是跟毫厘较劲"，感受"周氏精度"背后蕴含的精益求精、追求极致的工匠初心，引导学生认识到大国工匠不仅要具备精湛的技艺，更须具备严谨细致、缜密周全的工作作风。

项目六　装配设计

一、学习目的

(1) 了解 UG NX 12.0 装配的基本概念和零件装配的基本步骤。

(2) 熟悉装配模块的各个图标按钮及有关命令的使用。

(3) 掌握装配方法及约束条件。

(4) 掌握装配爆炸图的生成及编辑。

二、知识点

1. 装配约束条件

零件的装配过程实际上就是一个使用约束定位的过程，根据不同的零件模型及设计需要，选择合适的装配约束，从而完成零件的定位。一般要实现一个零件的完全定位，应该选取几种约束条件。

UG 系统提供了 11 种约束条件，包括接触对齐、同心、距离、固定、平行、垂直、对齐/锁定、配合、胶合、中心、角度。

2. 装配中的逻辑关系

在装配模型中有两类逻辑关系，分别为装配关系和层次关系。

1) 装配关系

装配关系分为位置关系、联接关系、配合关系和运动关系。

(1) 位置关系：描述产品两个零件、部件几何元素之间相对位置关系，如同轴、对齐等。

(2) 联接关系：描述零件、部件之间的直接连接关系，如螺钉连接、键连接等。

(3) 配合关系：描述产品零件、部件之间的配合关系及配合精度。

(4) 运动关系：描述产品零件、部件之间的相对运动关系和传动关系，如绕轴旋转等。

2) 层次关系

机械产品由具有层次结构的零件、部件装配而成。一个产品可以分解成若干部件，部件又可分解成若干零件和子部件，这种结构关系可以形象地表示为倒置的"树"，它直观地表达了产品、部件和零件之间的父子从属关系。

3. UG 装配方式

UG 装配方式包括自下而上、自上而下及混合方式等多种装配方式。

(1) 自上而下(自顶向下)：在布局模块和装配模块中先构造产品的装配框架模型，在逐渐细化装配模型时可随时到零件模块中设计、修改零件模型，然后再返回到装配模块中进行装配模型的设计。

(2) 自下而上(自底向上)：先在零件模块中设计完成所有的零件模型，然后在装配模块中进行装配模型的组装，最后完成设计的全部工作。

(3) 混合方式：用户根据情况混合使用自顶向下装配和自底向上的装配方式。例如，一开始使用自底向上方式，随着设计的进行，也可以使用自顶向下方式。

三、练习题参考答案

1. 简述装配设计中常用的约束条件及其功能。

答：装配设计中常用的约束条件及其功能如表 6-1 所示。

表 6-1 各种约束条件及其功能说明

序号	图标	名称	功 能 说 明
1		接触对齐	约束两个对象以使它们相互接触或对齐
2		同心	约束两条圆边或椭圆边，以使中心重合并使边的平面共面
3		距离	指定两个对象之间的 3D 距离
4		固定	将对象固定在其当前位置
5		平行	将两个对象的方向矢量定义为相互平行
6		垂直	将两个对象的方向矢量定义为相互垂直
7		对齐/锁定	对齐不同对象中的两个轴，同时防止绕公共轴旋转
8	=	配合	约束半径相同的两个对象
9		胶合	将对象约束到一起，以使它们作为刚体移动
10		中心	使一个或两个对象处于一对对象的中间，或者使一对对象沿着另一对象处于中间
11		角度	指定两个对象(可绕指定轴)之间的角度

2. 在设置约束条件时，一次能否同时设置多个？每个约束条件必须选择几个元素？在选择两个零件上的装配元素时，先后顺序对装配结果有没有影响？

答：(1) 在给定约束条件时，一次只能给定一个，不能同时设置多个约束条件。

(2) 每个约束条件必须选择不同的两个零件上各自的一个元素。

(3) 两个零件上装配元素选取的先后顺序对装配结果没有任何影响。

3. 简述零件装配的基本过程。

答：(1) 新建装配文件。单击工具栏中的"新建"🗋图标，系统弹出"新建"对话框，在"模型"选项卡中的"模板"对话框中选中🗋装配模板，在"名称"文本框中输入文件名，设置文件的保持目录，单击"确定"按钮。

(2) 调入装配零件。系统进入装配环境，会自动弹出"添加组件"对话框；单击"打开"按钮，弹出"打开"对话框；在对话框中选择要装配的组件，单击"OK"按钮；在"添加组件"对话框中"位置"区域的"装配位置"中单击"绝对坐标系-工作部件"选项；在"放置"区域中选择"◉移动 ○约束"，在"约束类型"中选择所需约束；在"要约束的几何体"中选择约束对象；单击"应用"按钮，完成该组件的装配。

(3) 按照步骤(2)的方法装配其他零件，直到所有零件装配完成；在"添加组件"对话框中单击"确定"按钮，完成装配。

4. 为什么要用户建立装配爆炸图而不用系统默认的爆炸图？用户自己怎样建立爆炸图？在多个爆炸图中，怎样设置要显示的爆炸图？

答：(1) 系统可以自动建立装配体的爆炸图，但自动建立的爆炸图中各组件的位置是由系统内定的固定位置来确定的，有时往往不符合设计要求。在这种情况下，用户就要自行创建爆炸图。

(2) 用户创建爆炸图的步骤：

① 新建爆炸图：打开要创建爆炸图的装配体，单击"装配"功能区中的"爆炸图"按钮；弹出爆炸图工具条；单击"新建爆炸"按钮，弹出"新建爆炸"对话框，在"名称"文本框中输入爆炸图名称，或者采用系统默认名称；单击"确定"按钮，完成新爆炸图的创建。

② 创建手动爆炸图：在爆炸图工具条中单击"编辑爆炸"，弹出"编辑爆炸"对话框；选择"◉选择对象"单选项，选择装配体中要编辑的组件；选择"◉移动对象"单选项，系统会在该组件上显示移动手柄，在手柄上选取某方向；在"编辑爆炸"对话框中"距离"文本框中输入移动数值；单击"应用"按钮，完成该组件的编辑。

③ 按照步骤②中所述的方法编辑其他组件，直到生成满意的爆炸图为止，单击"确定"按钮。

(3) 显示爆炸图：在爆炸图工具条右下角的下拉选项中，可以选择需要的爆炸图名称来显示该爆炸图。

5. 根据图 6-1 提供的剖视图及尺寸，设计一套装配体，其中包含底座、螺塞、套筒、销，读者可以自行设计出 4 个零件，也可以打开教材提供的素材文件(文件路径为 LX5)，并将其装配成一副完整的机构。

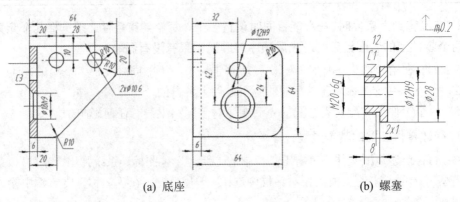

(a) 底座　　　　　　　　　　　　　　　　　　　　　(b) 螺塞

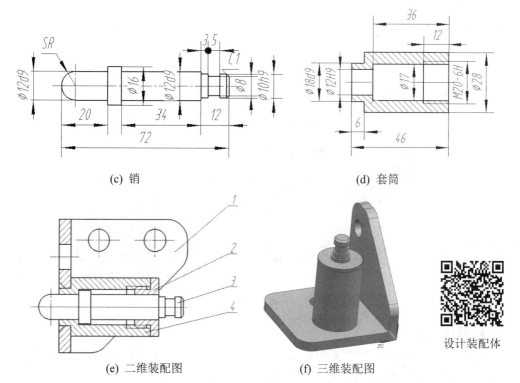

(c) 销　　　　　　　　　　　　　　　　　　　　　　(d) 套筒

(e) 二维装配图　　　　　　　　　(f) 三维装配图

设计装配体

图 6-1　机构尺寸

操作步骤如下：

1) 建立装配文件

单击工具栏中的"新建" 图标，弹出"新建"对话框；在"模型"选项卡中的"模板"对话框中选中 装配模板，在"名称"文本框中输入文件名"机构.prt"，将保存文件夹设置为 C:\Users\lenovo\Desktop\xm6\LX5，单击"确定"按钮。系统进入装配环境，自动弹出"添加组件"对话框。

2) 装配底座零件

(1) 在"添加组件"对话框中单击"打开"按钮 ，弹出"打开"对话框；在对话框中选择"底座"，然后单击"OK"按钮。

(2) 定义底座的位置。在"添加组件"对话框中"位置"区域的"装配位置"中选择"绝对坐标系-工作部件"选项。

(3) 定义底座约束。在"放置"区域中选择"◉移动 ○约束"，在"约束类型"中选择固定 约束，然后在"要约束的几何体"中选择"底座"。

(4) 单击"应用"按钮，完成底座的装配。

3) 装配套筒零件

(1) 在"添加组件"对话框中单击"打开"按钮 ，弹出"打开"对话框；在对话框中选择"套筒"，然后单击"OK"按钮。

(2) 定义套筒的位置。在"添加组件"对话框中"位置"区域的"装配位置"中单击"绝对坐标系-工作部件"选项。

(3) 定义套筒约束。添加对齐/锁定约束：在"放置"区域中选择"◉移动 ○约束"，在"约束类型"中选择"接触对齐/锁定⇥约束"，在装配区选择如图 6-2 所示的套筒中的轴 1 及底座中的轴 2。

添加接触对齐⋈约束：在装配区选择如图 6-2 所示的套筒中的面 1 及底座中的面 2。

(4) 单击"应用"按钮，完成套筒的装配，如图 6-3 所示。

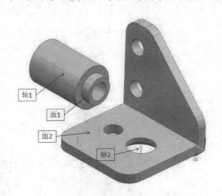

图 6-2　创建对齐/锁定及接触对　　　　图 6-3　套筒装配结果

4) 装配销零件

(1) 在"添加组件"对话框中单击"打开"按钮🖾，弹出"打开"对话框；在对话框中选择"销"，然后单击"OK"按钮。

(2) 定义销的位置。在"添加组件"对话框中"位置"区域的"装配位置"中单击"绝对坐标系-工作部件"选项。

(3) 定义销约束。添加对齐/锁定约束：在"放置"区域中选择"◉移动 ○约束"，在"约束类型"中选择"接触对齐/锁定⇥约束"，在装配区选择如图 6-4 所示的销中的轴 1 及套筒中的轴 2。

添加接触对齐⋈约束：在装配区选择如图 6-4 所示的销中的面 1 及套筒中的面 2。

(4) 单击"应用"按钮，完成销的装配，如图 6-5 所示。

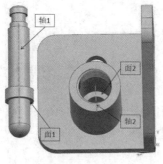

图 6-4　创建对齐/锁定及接触对齐约束　　　图 6-5　销装配结果

5) 装配螺塞零件

(1) 在"添加组件"对话框中单击"打开"按钮🖾，弹出"打开"对话框；在对话框中选择"螺塞"，然后单击"OK"按钮。

（2）定义螺塞的位置。在"添加组件"对话框中"位置"区域的"装配位置"中单击"绝对坐标系-工作部件"选项。

（3）定义螺塞约束。添加对齐/锁定约束：在"放置"区域中选择"◉移动 ○约束"，在"约束类型"中选择接"触对齐/锁定╃约束"，在装配区选择如图 6-6 所示的螺塞中的轴1 及套筒中的轴 2。

添加接触对齐╟约束：在装配区选择如图 6-6 所示的螺塞中的面 1 及套筒中的面 2。

（4）单击"应用"按钮，完成螺塞的装配，如图 6-7 所示。

　　图 6-6　创建对齐/锁定及接触对齐约束　　　　图 6-7　螺塞装配结果

6. 根据如图 6-8(a)、(b)、(c)、(d)所示零件及尺寸，图中未注倒角为 1×45°，读者可以自行创建底座、螺旋杆、螺母套、绞杠的实体零件，也可以打开提供的素材文件(文件路径为 LX6)，将它们按(e)图所示的位置关系装配。

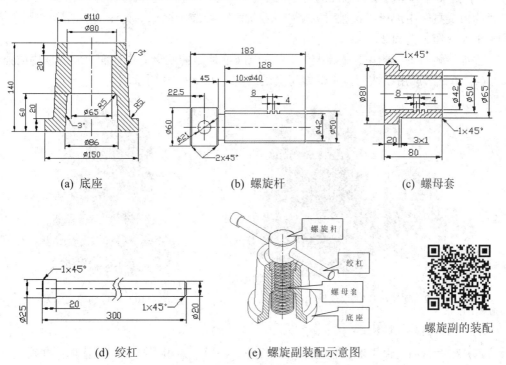

(a) 底座　　　　　　　　(b) 螺旋杆　　　　　　　　(c) 螺母套

(d) 绞杠　　　　　　　(e) 螺旋副装配示意图

螺旋副的装配

图 6-8　螺旋副的组成零件及装配图

操作步骤如下：

1) 建立装配文件

单击工具栏中的"新建" 📄 图标，弹出"新建"对话框；在"模型"选项卡中的"模板"对话框中选中 🔩 装配 模板，在"名称"文本框中输入文件名"螺旋副.prt"，将保存文件夹设置为 C:\Users\lenovo\Desktop\xm6\LX6，单击"确定"按钮。系统进入装配环境，自动弹出"添加组件"对话框。

2) 装配底座零件

(1) 在"添加组件"对话框中单击"打开"按钮 📂，弹出"打开"对话框；在对话框中选择"底座"，然后单击"OK"按钮。

(2) 定义底座的位置。在"添加组件"对话框中"位置"区域的"装配位置"中单击"绝对坐标系-工作部件"选项。

(3) 定义底座约束。在"放置"区域中选择" ◉移动 ○约束"，在"约束类型"中选择"固定 ⬇约束"，然后在"要约束的几何体"中选择"底座"。

(4) 单击"应用"按钮，完成底座的装配。

3) 装配螺母套零件

(1) 在"添加组件"对话框中单击"打开"按钮 📂，弹出"打开"对话框；在对话框中选择"螺母套"，单击"OK"按钮。

(2) 定义螺母套的位置。在"添加组件"对话框中"位置"区域的"装配位置"中单击"绝对坐标系-工作部件"选项。

(3) 定义螺母套约束。添加对齐/锁定约束：在"放置"区域中选择" ◉移动 ○约束"，在"约束类型"中选择"接触对齐/锁定 ⬇约束"，在装配区选择如图 6-9 所示的螺母套中的轴 1 及底座中的轴 2。

添加接触对齐 ⫿约束：在装配区选择如图 6-9 所示的螺母套中的面 1 及底座中的面 2。

(4) 单击"应用"按钮，完成螺母套的装配，如图 6-10 所示。

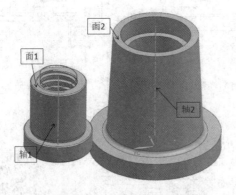

图 6-9　创建对齐/锁定及接触对齐约束

图 6-10　螺母套装配结果

4) 装配螺旋杆零件

(1) 在"添加组件"对话框中单击"打开"按钮，弹出"打开"对话框；在对话框中选择"螺旋杆"，单击"OK"按钮。

(2) 定义螺旋杆的位置。在"添加组件"对话框中"位置"区域的"装配位置"中单击"绝对坐标系-工作部件"选项。

(3) 定义螺旋杆约束。添加对齐/锁定约束：在"放置"区域中选择"" ◉移动 〇约束，在"约束类型"中选择"接触对齐/锁定🔧约束"，在装配区选择如图 6-11 所示的螺旋杆中的轴 1 及螺母套中的轴 2。

添加接触对齐🔧约束：在装配区选择螺旋杆中的面 1 及螺母套中的面 2。

(4) 单击"应用"按钮，完成螺旋杆的装配，如图 6-12 所示。

图 6-11　创建对齐/锁定及接触对齐约束　　图 6-12　螺旋杆装配结果

5) 装配绞杠零件

(1) 在"添加组件"对话框中单击"打开"按钮，弹出"打开"对话框；在对话框中选择"绞杠"，单击"OK"按钮。

(2) 定义绞杠的位置。在"添加组件"对话框中"位置"区域的"装配位置"中单击"绝对坐标系-工作部件"选项。

(3) 定义绞杠约束。添加对齐/锁定约束：在"放置"区域中选择"◉移动 〇约束"，在"约束类型"中选择"接触对齐/锁定🔧约束"，在装配区选择如图 6-13 所示的绞杠中的轴 1 及螺旋杆中的轴 2。

添加距离约束：在"约束类型"中选择"距离🔧约束"，在装配区选择如图 6-13 所示的绞杠中的面 1 及螺旋杆中的面 2，并输入距离值"150"。

(4) 单击"应用"按钮，完成绞杠的装配，如图 6-14 所示。

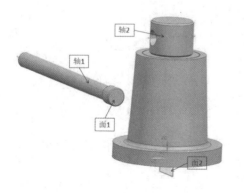

图 6-13　创建对齐/锁定及接触对齐约束　　图 6-14　绞杠装配结果

7. 根据如图 6-15(a)、(b)、(c)、(d)、(e)所示零件及尺寸，图中未注倒角为 1 × 45°，读者可以自行创建轴架、轴、轴衬、垫圈、带轮的实体零件，也可以打开提供的素材文件(文件路径为 LX7)，将它们按(f)图所示的位置关系进行装配。

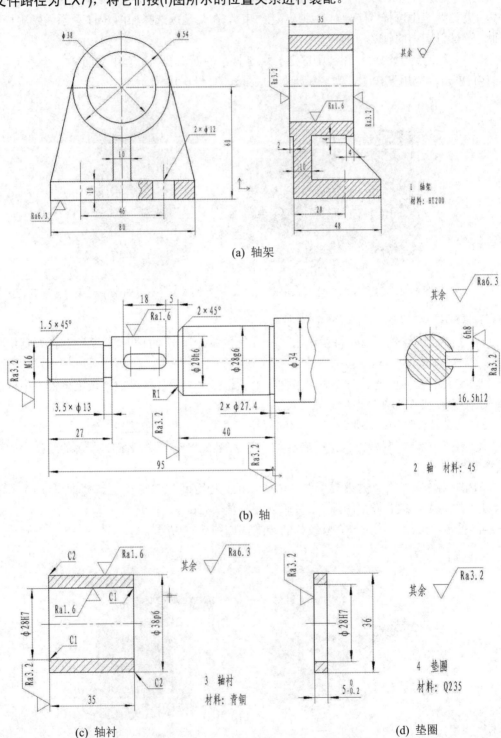

(a) 轴架

(b) 轴

(c) 轴衬

(d) 垫圈

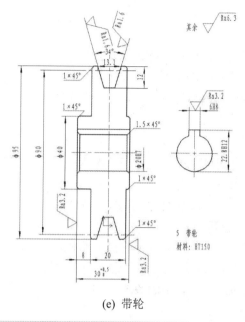

(e) 带轮

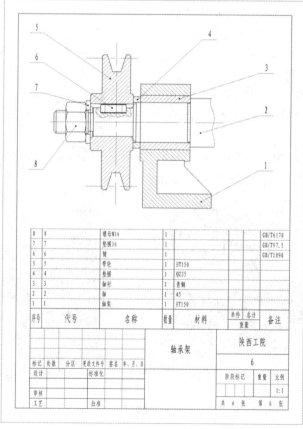

轴承架的装配

8	8		螺母M16	1				GB/T6170
7	7		垫圈16	1				GB/T97.1
6	6		键	1				GB/T1890
5	5		带轮	1	HT150			
4	4		垫圈	1	Q235			
3	3		轴衬	1	青铜			
2	2		轴	1	45			
1	1		轴架	1	HT150			
序号	代号		名称	数量	材料	单件 重量	总计 重量	备注

轴承架		陕西工院		
标记 处数 分区 更改文件号 签名 年.月.日		6		
设计	标准化			
审核		阶段标记	重量	比例
工艺	批准			1:1
		共 6 张	第 6 张	

(f) 轴承架装配图

图 6-15 轴承架的组成零件及装配图

操作步骤如下：

1) 建立装配文件

单击工具栏中的"新建"📄图标，弹出"新建"对话框；在"模型"选项卡中的"模板"对话框中选中🗂装配模板，在"名称"文本框中输入文件名"轴承架.prt"，将保存文件夹设置为 C:\Users\lenovo\Desktop\xm6\LX7，单击"确定"按钮；系统进入装配环境，自动弹出"添加组件"对话框。

2) 装配轴架零件

(1) 在"添加组件"对话框中单击"打开"按钮，弹出"打开"对话框；在对话框中选择"轴架"，然后单击"OK"按钮。

(2) 定义轴架的位置。在"添加组件"对话框中"位置"区域的"装配位置"中单击"绝对坐标系-工作部件"选项。

(3) 定义轴架约束。在"放置"区域中选择"⦿移动 ○约束"，在"约束类型"中选择"固定⤵约束"，然后在"要约束的几何体"中选择"轴架"。

(4) 单击"应用"按钮，完成轴架的装配。

3) 装配轴衬零件

(1) 在"添加组件"对话框中单击"打开"按钮，弹出"打开"对话框；在对话框中选择"轴衬"，然后单击"OK"按钮。

(2) 定义轴衬的位置。在"添加组件"对话框中"位置"区域的"装配位置"中单击"绝对坐标系-工作部件"选项。

(3) 定义轴衬约束。添加对齐/锁定约束：在"放置"区域中选择"⦿移动 ○约束"，在"约束类型"中选择"接触对齐/锁定⤎约束"，在装配区选择如图 6-16 所示的轴衬中的轴 1 及轴架中的轴 2。

添加接触对齐⤍约束：在装配区选择轴衬中的面 1 及轴架中的面 2。

(4) 单击"应用"按钮，完成轴衬的装配，如图 6-17 所示。

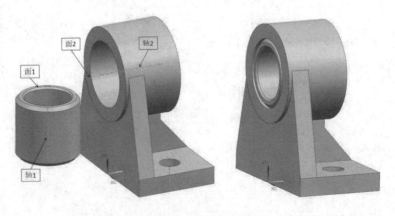

图 6-16　创建对齐/锁定及接触对齐约束　　图 6-17　轴衬装配结果

4) 装配轴零件

(1) 在"添加组件"对话框中单击"打开"按钮，弹出"打开"对话框；在对话框中选择"轴"，然后单击"OK"按钮。

(2) 定义轴的位置。在"添加组件"对话框中"位置"区域的"装配位置"中单击"绝对坐标系-工作部件"选项。

(3) 定义轴约束。添加对齐/锁定约束：在"放置"区域中选择"◉移动 ○约束"，在"约束类型"中选择"接触对齐/锁定⤳约束"，在装配区选择轴中的轴 1 及轴衬中的轴 2。

添加接触对齐⤴约束：在装配区选择如图 6-18 所示的轴中的面 1 及轴衬中的面 2。

(4) 单击"应用"按钮，完成轴的装配，如图 6-19 所示。

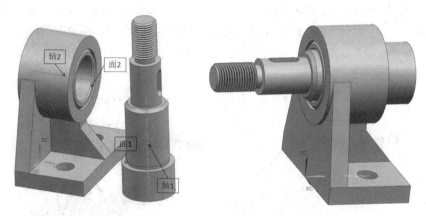

图 6-18　创建对齐/锁定及接触对齐约束　　　图 6-19　轴装配结果

5) 装配垫圈零件

(1) 在"添加组件"对话框中单击"打开"按钮，弹出"打开"对话框；在对话框中选择"垫圈"，单击"OK"按钮。

(2) 定义垫圈的位置。在"添加组件"对话框中"位置"区域的"装配位置"中单击"绝对坐标系-工作部件"选项。

(3) 定义垫圈约束。添加对齐/锁定约束：在"放置"区域中选择"◉移动 ○约束"，在"约束类型"中选择"接触对齐/锁定⤳约束"，在装配区选择垫圈中的轴 1 及轴衬中的轴 2。

添加接触对齐⤴约束：在装配区选择如图 6-20 所示的垫圈中的面 1 及轴衬中的面 2。

(4) 单击"应用"按钮，完成垫圈的装配，如图 6-21 所示。

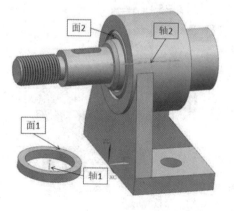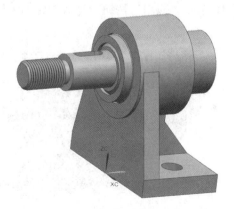

图 6-20　创建对齐/锁定及接触对齐约束　　　图 6-21　垫圈装配结果

6) 装配键零件

(1) 在"添加组件"对话框中单击"打开"按钮，弹出"打开"对话框；在对话框中选择"键"，单击"OK"按钮。

(2) 定义键的位置。在"添加组件"对话框中"位置"区域的"装配位置"中单击"绝对坐标系-工作部件"选项。

(3) 定义键约束。添加接触对齐约束：在"放置"区域中选择"◉移动 ○约束"，在"约束类型"中选择"接触接触对齐约束"，在装配区选择键中的面 1 及轴中的面 2。

添加同心◎约束：在装配区选择如图 6-22 所示的键中的圆 1 及轴中的圆 2。

(4) 单击"应用"按钮，完成键的装配，如图 6-23 所示。

图 6-22　创建接触对齐及同心约束　　　　图 6-23　键装配结果

7) 装配带轮零件

(1) 在"添加组件"对话框中单击"打开"按钮，弹出"打开"对话框；在对话框中选择"带轮"，单击"OK"按钮。

(2) 定义带轮的位置。在"添加组件"对话框中"位置"区域的"装配位置"中单击"绝对坐标系-工作部件"选项。

(3) 定义带轮约束。添加对齐/锁定约束：在"放置"区域中选择"◉移动 ○约束"，在"约束类型"中选择"接触对齐/锁定约束"，在装配区选择如图 6-24 所示的带轮中的轴 1 及轴中的轴 2。

添加接触对齐约束：在装配区选择如图 6-24 所示的带轮中的面 1 及垫圈中的面 2。

(4) 单击"应用"按钮，完成带轮的装配，如图 6-25 所示。

图 6-24　创建对齐/锁定及接触对齐约束　　　　图 6-25　带轮装配结果

8) 装配垫圈 16 零件

(1) 在"添加组件"对话框中单击"打开"按钮，弹出"打开"对话框；在对话框中选择"垫圈 16"，单击"OK"按钮。

(2) 定义垫圈 16 的位置。在"添加组件"对话框中"位置"区域的"装配位置"中单击"绝对坐标系-工作部件"选项。

(3) 定义垫圈 16 约束。添加对齐/锁定约束：在"放置"区域中选择"◉移动 ○约束"，在"约束类型"中选择"接触对齐/锁定 约束"，在装配区选择如图 6-26 所示的垫圈 16 中的轴 1 及带轮中的轴 2。

添加接触对齐 约束：在装配区选择垫圈 16 中的面 1 及带轮中的面 2。

(4) 单击"应用"按钮，完成垫圈 16 的装配，如图 6-27 所示。

图 6-26　创建对齐/锁定及接触对齐约束　　　图 6-27　垫圈 16 装配结果

9) 装配螺母零件

(1) 在"添加组件"对话框中单击"打开"按钮，弹出"打开"对话框；在对话框中选择"螺母"，单击"OK"按钮。

(2) 定义螺母的位置。在"添加组件"对话框中"位置"区域的"装配位置"中单击"绝对坐标系-工作部件"选项。

(3) 定义螺母约束。添加对齐/锁定约束：在"放置"区域中选择"◉移动 ○约束"，在"约束类型"中选择"接触对齐/锁定 约束"，在装配区选择如图 6-28 所示的螺母中的轴 1 及垫圈 16 中的轴 2。

添加接触对齐 约束：在装配区选择螺母中的面 1 及垫圈 16 中的面 2。

(4) 单击"应用"按钮，完成螺母的装配，如图 6-29 所示。

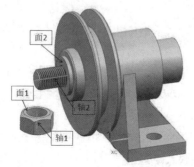  

图 6-28　创建对齐/锁定及接触对齐约束　　　图 6-29　螺母装配结果

8. 利用本书提供的素材文件，文件路径为：LX8，其中包括螺杆、固定钳身、螺钉、钳口板、螺钉 M8、活动钳身、螺母块、销 A4-22、垫圈、圆环、垫圈 12 共 11 个零件，建立如图 6-30 所示的虎钳装配图。

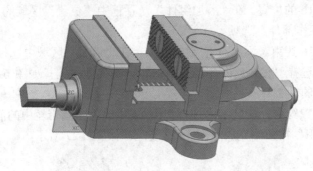

虎钳的装配

图 6-30　虎钳装配图

操作步骤如下：

1) 建立装配文件

单击工具栏中的"新建" 📄图标，弹出"新建"对话框；在"模型"选项卡中的"模板"对话框中选中 🗖 装配模板，在"名称"文本框中输入文件名"虎钳.prt"，将保存文件夹设置为 C:\Users\lenovo\Desktop\xm6\LX8，单击"确定"按钮；系统进入装配环境，自动弹出"添加组件"对话框。

2) 装配固定钳身零件

(1) 在"添加组件"对话框中单击"打开"按钮，弹出"打开"对话框；在对话框中选择"固定钳身"，单击"OK"按钮。

(2) 定义固定钳身的位置。在"添加组件"对话框中"位置"区域的"装配位置"中单击"绝对坐标系-工作部件"选项。

(3) 定义固定钳身约束。在"放置"区域中选择"◉移动 ○约束"，在"约束类型"中选择"固定⊒约束"，然后在"要约束的几何体"中选择"固定钳身"。

(4) 单击"应用"按钮，完成固定钳身的装配。

3) 装配螺母块零件

(1) 在"添加组件"对话框中单击"打开"按钮，弹出"打开"对话框；在对话框中选择"螺母块"，单击"OK"按钮。

(2) 定义螺母块的位置。在"添加组件"对话框中"位置"区域的"装配位置"中单击"绝对坐标系-工作部件"选项。

(3) 定义螺母块约束。添加对齐/锁定约束：在"放置"区域中选择"◉移动 ○约束"，在"约束类型"中选择"接触对齐/锁定⇄约束"，在装配区选择如图 6-31 所示的螺母块中的轴 1 及固定钳身中的轴 2。

添加距离约束：在"约束类型"中选择"距离⫛约束"，在装配区选择如图 6-31 所示的螺母块中的面 1 及固定钳身中的面 2，并输入距离值"75"。

(4) 单击"应用"按钮，完成螺母块的装配，如图 6-32 所示。

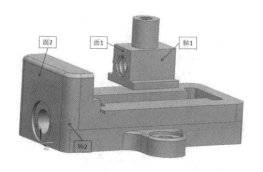

图 6-31　创建对齐/锁定及距离约束　　　　　　图 6-32　螺母块的装配结果

4) 装配垫圈零件

(1) 在"添加组件"对话框中单击"打开"按钮，弹出"打开"对话框；在对话框中选择"垫圈"，单击"OK"按钮。

(2) 定义垫圈的位置，在"添加组件"对话框中"位置"区域的"装配位置"中单击"绝对坐标系-工作部件"选项。

(3) 定义垫圈约束。添加对齐/锁定约束：在"放置"区域中选择"⦿移动 ○约束"，在"约束类型"中选择"接触对齐/锁定约束"，在装配区选择垫圈中的轴 1 及带轮中的轴 2。

添加接触对齐约束：在装配区选择如图 6-33 所示的垫圈中的面 1 及带轮中的面 2。

(4) 单击"应用"按钮，完成垫圈的装配，如图 6-34 所示。

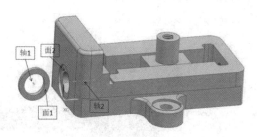
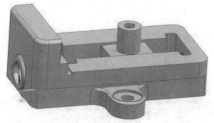

图 6-33　创建对齐/锁定及接触对齐约束　　　　图 6-34　垫圈的装配结果

5) 装配螺杆零件

(1) 在"添加组件"对话框中单击"打开"按钮，弹出"打开"对话框；在对话框中选择"螺杆"，单击"OK"按钮。

(2) 定义螺杆的位置。在"添加组件"对话框中"位置"区域的"装配位置"中单击"绝对坐标系-工作部件"选项。

(3) 定义螺杆约束。添加对齐/锁定约束：在"放置"区域中选择"⦿移动 ○约束"，在"约束类型"中选择"接触对齐/锁定约束"，在装配区选择螺杆中的轴 1 及固定钳身中的轴 2。

添加接触对齐约束：在装配区选择如图 6-35 所示的螺杆中的面 1 及垫圈中的面 2。

(4) 单击"应用"按钮，完成螺杆的装配，如图 6-36 所示。

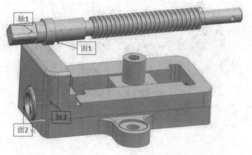

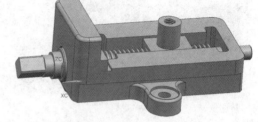

图 6-35　创建对齐/锁定及接触对齐约束　　　　图 6-36　螺杆的装配结果

6）装配活动钳身零件

(1) 在"添加组件"对话框中单击"打开"按钮，弹出"打开"对话框；在对话框中选择"活动钳身"，单击"OK"按钮。

(2) 定义活动钳身的位置。在"添加组件"对话框中"位置"区域的"装配位置"中单击"绝对坐标系-工作部件"选项。

(3) 定义活动钳身约束。添加对齐/锁定约束：在"放置"区域中选择"◉移动 ○约束"，在"约束类型"中选择"接触对齐/锁定▼约束"，在装配区选择如图 6-37 所示的活动钳身中的轴 1 及螺母块中的轴 2。

添加接触对齐▼约束：在装配区选择活动钳身中的面 1 及固定钳身中的面 2。

(4) 单击"应用"按钮，完成活动钳身的装配，如图 6-38 所示。

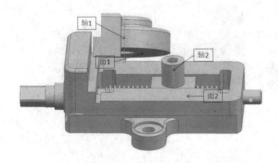

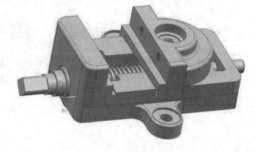

图 6-37　创建对齐/锁定及接触对齐约束　　　　图 6-38　活动钳身的装配结果

7）装配护口板零件

(1) 在"添加组件"对话框中单击"打开"按钮，弹出"打开"对话框；在对话框中选择"护口板"，单击"OK"按钮。

(2) 定义护口板的位置。在"添加组件"对话框中"位置"区域的"装配位置"中单击"绝对坐标系-工作部件"选项。

(3) 定义护口板约束。添加对齐/锁定约束：在"放置"区域中选择"◉移动 ○约束"，在"约束类型"中选择"接触对齐/锁定▼约束"，在装配区选择如图 6-39 所示的护口板中的轴 1 及活动钳身中的轴 2。

添加接触对齐▼约束：在装配区选择护口板中的面 1 及活动钳身中的面 2。

(4) 单击“应用”按钮，完成护口板的装配，如图 6-40 所示。

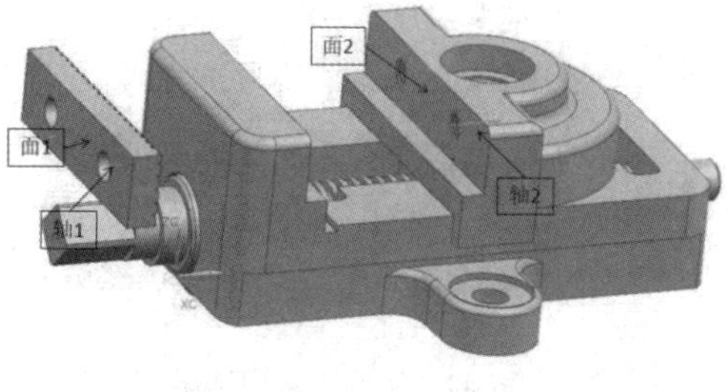

图 6-39　创建对齐/锁定及接触对齐约束

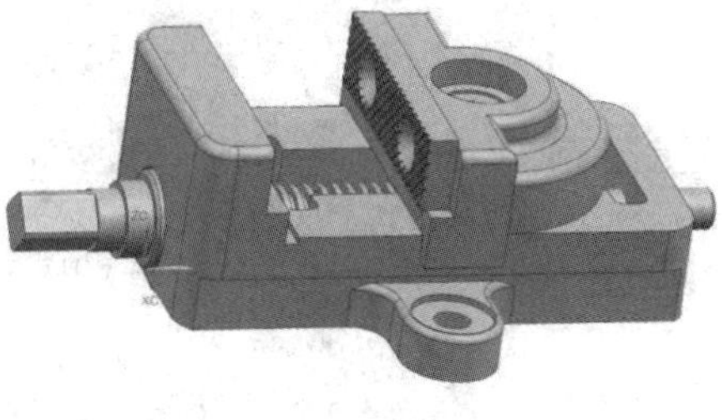

图 6-40　护口板的装配结果

8) 装配另一块护口板零件

(1) 在“添加组件”对话框中单击“打开”按钮，弹出“打开”对话框；在对话框中选择“护口板”，单击“OK”按钮。

(2) 定义护口板的位置。在“添加组件”对话框中“位置”区域的“装配位置”中单击“绝对坐标系-工作部件”选项。

(3) 定义护口板约束。添加对齐/锁定约束：在“放置”区域中选择“◉移动 ○约束”，在“约束类型”中选择“接触对齐/锁定约束”，在装配区选择如图 6-41 所示的护口板中的轴 1 及固定钳身中的轴 2。

添加接触对齐约束：在装配区选择护口板中的面 1 及固定钳身中的面 2。

(4) 单击“应用”按钮，完成护口板的装配，如图 6-42 所示。

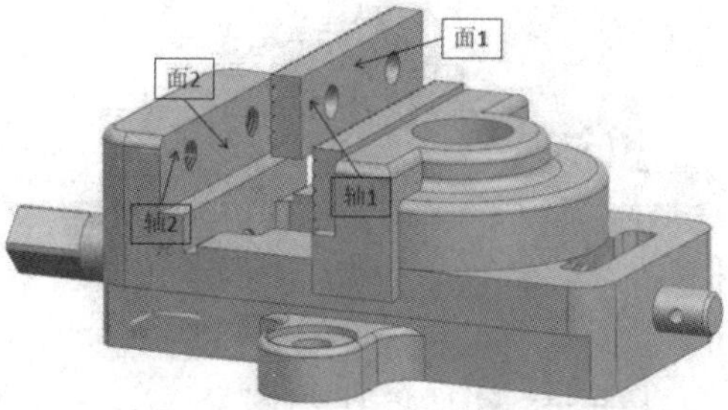

图 6-41　创建对齐/锁定及接触对齐约束

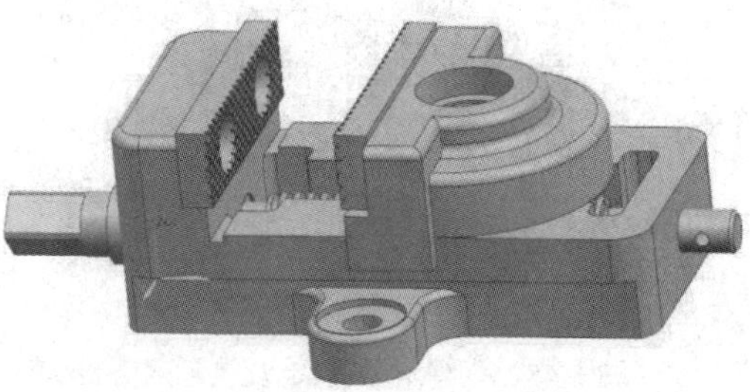

图 6-42　护口板的装配结果

9) 装配螺钉零件

(1) 在“添加组件”对话框中单击“打开”按钮，弹出“打开”对话框；在对话框中选择“螺钉”，单击“OK”按钮。

(2) 定义螺钉的位置。在“添加组件”对话框中“位置”区域的“装配位置”中单击“绝对坐标系-工作部件”选项。

(3) 定义螺钉约束。添加对齐/锁定约束：在“放置”区域中选择“◉移动 ○约束”，在“约束类型”中选择“接触对齐/锁定约束”，在装配区选择如图 6-43 所示的螺钉中的轴 1 及活动钳身中的轴 2。

添加接触对齐约束：在装配区选择螺钉中的面 1 及活动钳身中的面 2。

(4) 单击“应用”按钮，完成螺钉的装配，如图 6-44 所示。

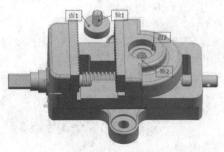

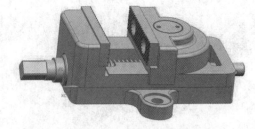

图 6-43　创建对齐/锁定及接触对齐约束　　　　图 6-44　螺钉的装配结果

10) 装配螺钉 M8 零件

(1) 在"添加组件"对话框中单击"打开"按钮，弹出"打开"对话框；在对话框中选择"螺钉 M8"，单击"OK"按钮。

(2) 定义螺钉 M8 的位置。在"添加组件"对话框中"位置"区域的"装配位置"中单击"绝对坐标系-工作部件"选项。

(3) 定义螺钉 M8 约束。添加对齐/锁定约束：在"放置"区域中选择"◉移动 ○约束"，在"约束类型"中选择"接触对齐/锁定 约束"，在装配区选择如图 6-45 所示的螺钉 M8 中的轴 1 及活动钳身上的护口板的轴 2。

添加接触对齐 约束：在装配区选择螺钉 M8 中的面 1 及活动钳身上的护口板的面 2。

(4) 单击"应用"按钮，完成螺钉 M8 的装配，如图 6-46 所示。

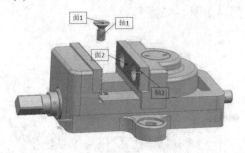

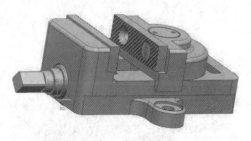

图 6-45　创建对齐/锁定及接触对齐约束　　　　图 6-46　螺钉 M8 的装配结果

11) 装配另一个螺钉 M8 零件

单击"镜像装配"按钮，弹出"镜像装配向导"对话框；根据对话框的引导，选择组件为螺钉 M8，选择平面为如图 4-47 所示的平面；根据向导完成镜像，镜像结果如图 6-47 所示。

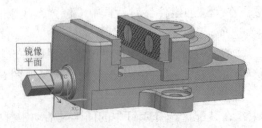

图 6-47　螺钉 M8 镜像结果

12) 装配螺钉 M8 零件

(1) 在"添加组件"对话框中单击"打开"按钮，弹出"打开"对话框；在对话框中选择"螺钉 M8"，单击"OK"按钮。

(2) 定义螺钉 M8 的位置。在"添加组件"对话框中"位置"区域的"装配位置"中单击"绝对坐标系-工作部件"选项。

(3) 定义螺钉 M8 约束。添加对齐/锁定约束：在"放置"区域中选择"⊙移动 ○约束"，在"约束类型"中选择"接触对齐/锁定 ↙约束"，在装配区选择如图 6-48 所示的螺钉 M8 中的轴 1 及固定钳身上的护口板的轴 2。

添加接触对齐 约束：在装配区选择如图 6-48 所示的螺钉 M8 中的面 1 及固定钳身上的护口板的面 2。

(4) 单击"应用"按钮，完成螺钉 M8 的装配，如图 6-49 所示。

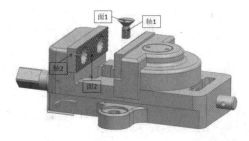 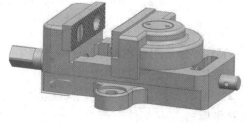

图 6-48 创建对齐/锁定及接触对齐约束　　　　图 6-49 螺钉 M8 的装配结果

13) 装配另一个螺钉 M8 零件

单击"镜像装配"按钮，弹出"镜像装配向导"对话框；根据对话框的引导，选择组件为螺钉 M8，选择平面为如图 4-50 所示的平面；根据向导完成镜像，镜像结果如图 6-50 所示。

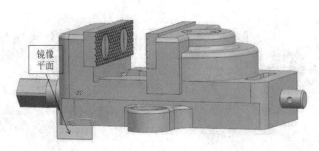

图 6-50 螺钉 M8 镜像结果

14) 装配垫圈 12 零件

(1) 在"添加组件"对话框中单击"打开"按钮，弹出"打开"对话框；在对话框中选择"垫圈 12"，单击"OK"按钮。

(2) 定义垫圈 12 的位置。在"添加组件"对话框中"位置"区域的"装配位置"中单击"绝对坐标系-工作部件"选项。

(3) 定义垫圈 12 约束。添加对齐/锁定约束：在"放置"区域中选择"⊙移动 ○约束"，在"约束类型"中选择"接触对齐/锁定▼◣约束",在装配区选择如图 6-51 所示的垫圈 12 中的轴 1 及螺杆的轴 2。

添加接触对齐▬约束：在装配区选择垫圈 12 中的面 1 及固定钳身的面 2。

(4) 单击"应用"按钮，完成垫圈 12 的装配，如图 6-52 所示。

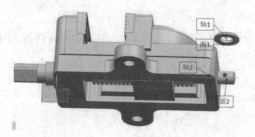

图 6-51　创建对齐/锁定及接触对齐约束　　　　图 6-52　垫圈 12 的装配结果

15) 装配圆环零件

(1) 在"添加组件"对话框中单击"打开"按钮，弹出"打开"对话框；在对话框中选择"圆环"，单击"OK"按钮。

(2) 定义圆环的位置。在"添加组件"对话框中"位置"区域的"装配位置"中单击"绝对坐标系-工作部件"选项。

(3) 定义圆环约束。添加对齐/锁定约束：在"放置"区域中选择"◉移动 ○约束"，在"约束类型"中选择"接触对齐/锁定▼◣约束"，在装配区选择如图 6-53 所示的圆环中的轴 1 及螺杆的轴 2。

添加接触对齐▬约束：在装配区选择如图 6-53 所示的圆环中的面 1 及垫圈 12 的面 2。

(4) 单击"应用"按钮，完成圆环的装配，如图 6-54 所示。

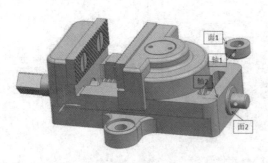

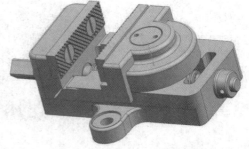

图 6-53　创建对齐/锁定及接触对齐约束　　　　图 6-54　圆环的装配结果

16) 装配销 A4-22 零件

(1) 在"添加组件"对话框中单击"打开"按钮，弹出"打开"对话框；在对话框中选择"销 A4-22"，单击"OK"按钮。

(2) 定义销 A4-22 的位置。在"添加组件"对话框中"位置"区域的"装配位置"中单击"绝对坐标系-工作部件"选项。

(3) 定义销 A4-22 约束。添加对齐/锁定约束：在"放置"区域中选择"◉移动 ○约束"，在"约束类型"中选择"接触对齐/锁定 ➡ 约束",在装配区选择如图 6-55 所示的销 A4-22 中的轴 1 及圆环中的轴 2。

添加距离约束:在"约束类型"中选择距离 ↳ 约束,在装配区选择如图 6-55 所示的销 A4-22 中的面 1 及固定钳身中的面 2,并输入距离值 11。

(4) 单击"应用"按钮,完成销 A4-22 的装配,如图 6-56 所示。

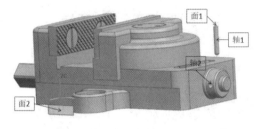
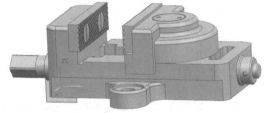

图 6-55　创建对齐/锁定及距离约束　　　　图 6-56　销 A4-22 的装配结果

17) 创建爆炸图

按照教材实例 33 中所述方法生成爆炸图。由于虎钳的组件较多,所以可以先生成自动爆炸图,如图 6-57 所示;然后在自动爆炸图的基础上手动编辑部分组件的位置,形成满意的爆炸图,如图 6-58 所示。

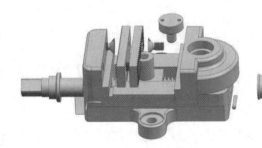
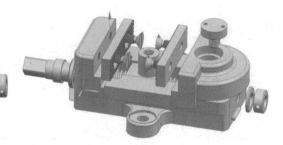

图 6-57　自动爆炸图　　　　　　　　图 6-58　爆炸图最终结果

四、思政小课堂

本项目课程思政内容设计围绕装配设计进行学习,通过讲解陕西航天时代导航设备有限公司首席技师刘湘宾技能报国,助推我国成为惯导领域超精密加工"领跑者"的案例,引导学生学习他严谨苛刻、不怕失败的钻研精神和冲锋在前、敢于担责的亮剑精神,培养学生持之以恒的工作态度和爱岗敬业的工匠情怀。

项目七　工程图设计

一、学习目的

(1) 了解 UG NX 12.0 系统的工程图和绘制工程图的基本操作。

(2) 熟悉视图操作中基本视图、投影视图、剖视图、局部剖视图、旋转视图、局部放大图等各视图的生成。

(3) 掌握编辑工程图的基本方法与操作。

(4) 掌握并熟练操作工程图的图纸标注及注释。

(5) 掌握工程图的数据交换及输出。

二、知识点

1. 工程图

在 UG NX 12.0 中利用建模模块创建的三维实体模型，都可以利用工程图模块投影生成二维工程图，并且所生成的工程图与该实体模型是完全关联的。

2. 工程图绘制的基本操作

在工程图环境中，可以根据需要对相关的基本参数进行设置，如线宽、隐藏线的显示、视图边界线的显示和颜色的设置等。在进入工程图环境时，系统会自动创建一张图纸页，在工程图环境里建立的任何图形都将在创建的图纸页上完成。

3. 工程图中各类视图的生成

(1) 基本视图：零件向基本投影面投影所得的图形。它包括零件模型的主视图、后视图、俯视图、仰视图、左视图、右视图、等轴测图等。

(2) 投影视图：添加完成基本视图后，还需要对其视图添加相应的投影视图才能够完整地将实体模型的形状和结构特征表达清楚。其中，投影视图是从父项视图产生的正投影视图。

(3) 剖视图：当零件的内形比较复杂、外形比较简单或外形已在其他视图上表达清楚时，可以利用剖视图工具对零件进行剖切。

(4) 局部剖视图：用剖切平面局部剖开机件所得的视图。局部剖视图常用于轴、连杆、手柄等实心零件上有小孔、槽、凹坑等局部结构需要表达其类型的零件。

(5) 旋转视图：用两个成一定角度的剖切面(两平面的交线垂直于某一基本投影面)剖开机件，以表达具有回转特征机件的内部形状的视图，称为旋转剖视图。该功能常用于生成多个旋转截面上的零件剖切结构。

(6) 局部放大图：机件上某些细小结构用大于原图的比例画出，称为局部放大图。

4. 工程图的相关编辑与标注

(1) 视图相关编辑：对视图中图形对象的显示进行编辑，同时不影响其他视图中同一对象的显示。

(2) 尺寸标注：用于标识对象的尺寸大小。如果要改动零件中的某个尺寸参数，需要在三维实体中修改。若三维模型修改，则工程图中的相应尺寸会自动更新。

(3) 标注/编辑文本：用于工程图中零件基本尺寸的表达，各种技术要求的有关说明及用于表达特殊结构尺寸，定位部分的制图符号和形位公差等。

(4) 标注表面粗糙度：首先选择表面粗糙度符号类型，然后依次设置该表面粗糙度类型的单位、文本尺寸和相关参数。最后在绘图区中选择指定类型的对象，确定标注表面粗糙度符号的位置，即可完成表面粗糙度符号的标注。

(5) 标注形位公差：将几何尺寸和公差符号组合在一起形成的组合符号，它用于表示标注对象与参考基准之间的位置和形状关系。

三、练习题参考答案

1. 绘制图 7-1 所示的管接头工程图。管接头常用于管道的连接，在天然气、自来水、石油管道中常可以见到，在管接头两端均有螺纹，用于连接两端的管道。要求：工程图图纸大小为 A4，绘图比例为 3∶1。

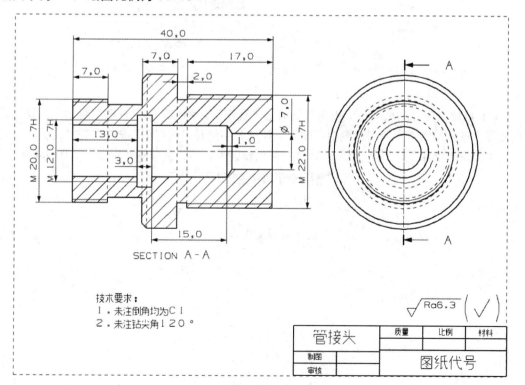

图 7-1 管接头工程图效果

操作步骤如下：

1）新建图纸页

（1）打开教材提供的素材文件中的管接头模型。单击"应用模块"→"设计"→"制图"按钮，进入制图模块。

绘制管接头
工程图

（2）单击"菜单"按钮，选择"首选项"→"可视化"，弹出"可视化首选项"对话框，如图 7-2 所示；在对话框中选择"颜色/字体"选项卡，在"图纸部件设置"选项组中启用"单色显示"复选框。

（3）单击"主页"→"新建图纸页"按钮，弹出"工作表"对话框；在"大小"选项组中的"大小"下拉列表中选择"A4 - 210 × 297"选项，其余保持默认设置，如图 7-3 所示。

图 7-2 "可视化首选项"对话框   图 7-3 "工作表"对话框

2）添加视图

（1）依次单击"主页"→"视图"→"基本视图"，弹出"基本视图"对话框；在"模型视图"选项组的"要使用的模型视图"下拉列表中选择"前视图"选项，在"比例"下拉列表中点选"比率"，设置比例为 3∶1，在工作区中合适位置放置俯视图，如图 7-4 所示。

图 7-4 基本视图比例

(2) 依次单击选项卡"主页"→"视图"→"剖视图"，弹出"剖视图"对话框；在"定义"下拉列表中选择"动态"，在"方法"下拉列表中选择"简单剖/阶梯剖"，其余选项保持默认；在视图中选择剖切线位置，然后在合适位置放置剖视图即可。创建方法如图7-5所示。

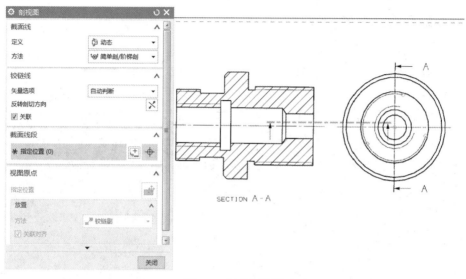

图7-5　创建剖视图

3) 标注线性尺寸

(1) 依次单击"主页"→"尺寸"→"快速"，弹出"快速尺寸"对话框；在工作区中选择管接头左端外表面，在"测量"下拉列表中选择"竖直"；放置尺寸后双击该尺寸，打开"文本编辑器"对话框；在尺寸前面的文本框中输入"M"，在后面的文本框中输入值"-7H"，单击"确定"按钮；然后放置尺寸线到合适位置，即可标注螺纹的尺寸，如图7-6所示。

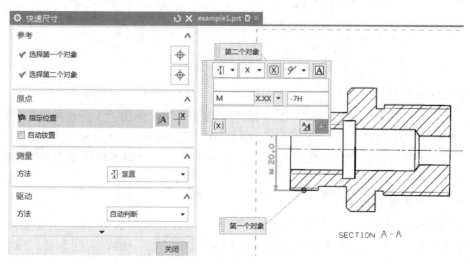

图7-6　标注螺纹尺寸

（2）依次单击"主页"→"尺寸"→"快速"，弹出"快速尺寸"对话框，在工作区中选择管接头右端外的孔内侧表面，在"测量"下拉列表中选择"圆柱式"；单击"确定"按钮，将尺寸线放置到合适位置，即可标注孔的尺寸。如图 7-7 所示。

（3）按照标注孔和螺纹同样的方法，标注其他的线性尺寸，效果如图 7-8 所示。

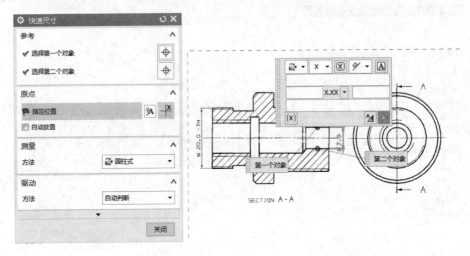

图 7-7　标注孔尺寸

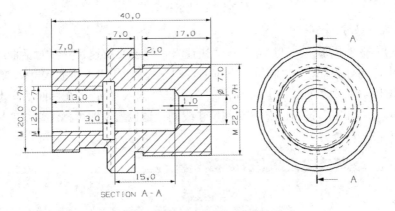

图 7-8　标注线性尺寸效果

4）标注表面粗糙度

依次单击"主页"→"注释"→"表面粗糙度符号"，弹出"表面粗糙度"对话框；选择"除料"中的"修饰符，需要除料"选项，在"切除(f1)"文本框中输入"Ra6.3"，在"样式"中设置"字符大小"为 2.5，在工作区中最右上角放置表面粗糙度符号。创建方法如图 7-9 所示。

5）插入并编辑表格

依次单击"主页"→"表"→"表格注释"按钮，工作区中的光标即会显示为矩形框，选择工作区最右下角放置表格即可，创建方法如图 7-10 所示。绘制 4 行 5 列、列宽为 26 的表格，按住鼠标左键拖动到第二行第二列所在的单元格，选中的表格橘红色高亮显示；单击鼠标右键，选择"合并单元格"选项，创建方法如图 7-11 所示。然后再创建另一合并单元格，效果如图7-12所示。

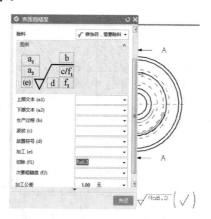

图 7-9 标注表面粗糙度

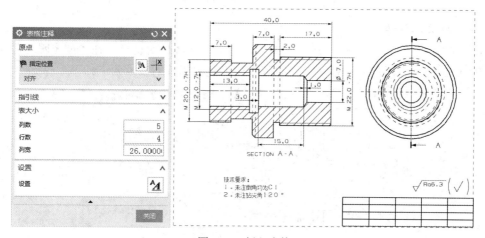

图 7-10 插入表格

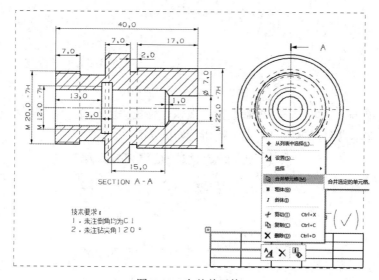

图 7-11 合并单元格

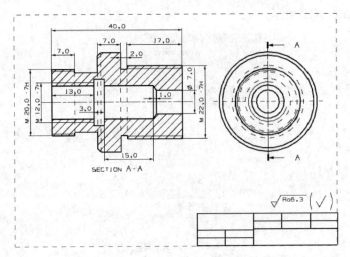

图 7-12　合并单元格效果

6) 添加文本注释

(1) 依次单击"主页"→"注释"选项，弹出"注释"对话框，在"文本输入"文本框中输入如图 7-13 所示的注释文字，即可添加工程图相关的技术要求。

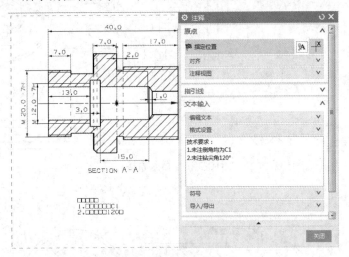

图 7-13　添加文本注释

(2) 依次单击"主页"→"编辑设置"按钮，弹出"类选择"对话框；选择上述步骤 (1) 所添加的文本内容，单击"确定"按钮，如图 7-14 所示。

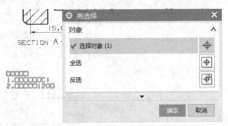

图 7-14　选择编辑样式

(3) 在弹出的"设置"对话框中设置字符大小为 5，选择文字字体下拉列表中的"chinesef"选项，单击"确定"按钮即可将方框文字显示为汉字，如图 7-15 所示。

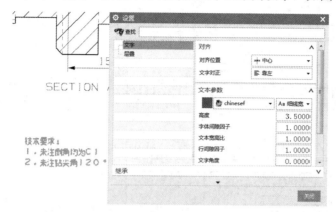

图 7-15 编辑注释样式

(4) 重复上述步骤，添加其他文本注释；再在"设置"对话框中设置合适的字符大小，并选中注释移动到合适位置，效果如图 7-16 所示。

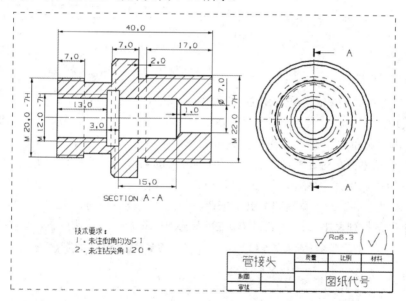

图 7-16 添加文本注释效果

7) 保存文件

单击"保存"图标🖫，在"保存对象"对话框中单击"确定"按钮，完成保存。

2. 根据如图 7-17 所示零件及尺寸绘制固定杆的工程图。该固定杆由滑槽板、螺栓板和底板组成。螺栓板固定在基座上，滑块可以在滑槽板中滑动。要求：工程图图纸大小为 A2，绘图比例为 2∶1。

绘制思路：在绘制该实例图时，可以首先创建基本视图，再创建基本视图的剖视图和投影视图；再添加水平、竖直、圆弧半径、孔直径等的尺寸，以及添加形位公差和表面粗糙度；最后，添加注释文本和图纸标题栏，即可完成该固定杆工程图的绘制。

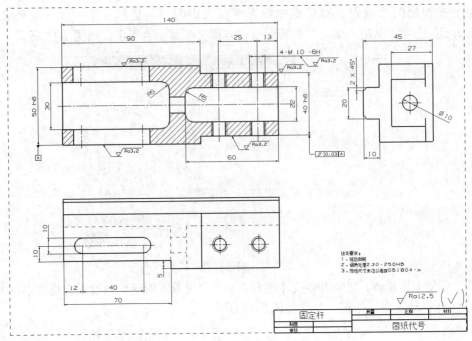

图 7-17　固定杆工程图

操作步骤如下：

1) 新建图纸页

(1) 打开素材文件，依次单击"应用模块"→"设计"→"制图"按钮，进入制图模块。

绘制固定杆
工程图

(2) 单击"菜单"按钮，选择"首选项"→"可视化"，弹出"可视化首选项"对话框；在对话框中选择"颜色/字体"选项卡，在"图纸部件设置"选项组中启用"单色显示"复选框，如图 7-18 所示。

(3) 单击"主页"→"新建图纸页"按钮，弹出"工作表"对话框；在"大小"选项组中的"大小"下拉列表中选择"A2-420×594"选项，其余保持默认设置，如图 7-19 所示。

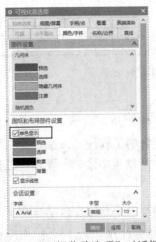

图 7-18　"可视化首选项"对话框

图 7-19　"工作表"对话框

2) 添加视图

(1) 依次单击"主页"→"视图"→"基本视图"按钮，弹出"基本视图"对话框；在"模型视图"选项组的"要使用的模型视图"下拉列表中选择"左视图"选项，设置比例为2:1，在工作区中合适位置放置俯视图，如图 7-20 所示。

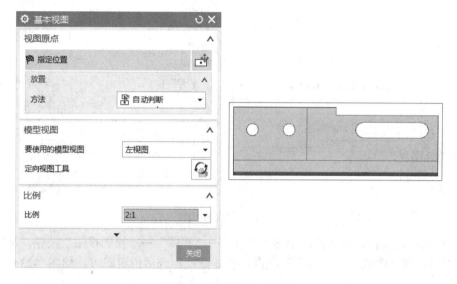

图 7-20　基本视图比例设置

(2) 选择图纸中的俯视图，单击鼠标右键，在弹出的快捷菜单中选"设置"选项，打开"设置"对话框；在"角度"文本框中输入 180，单击"确定"按钮即可将视图旋转，如图 7-21 所示。

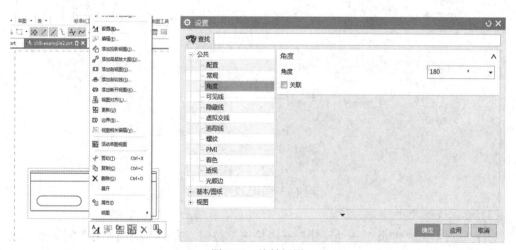

图 7-21　旋转视图

(3) 依次单击"主页"→"视图"→"剖视图"按钮，弹出"剖视图"对话框；在"定义"下拉列表中选择"动态"，在"方法"下拉列表中选择"简单剖/阶梯剖"选项；在视图中选择剖切线位置，然后在合适位置放置剖视图即可，创建方法如图 7-22 所示。

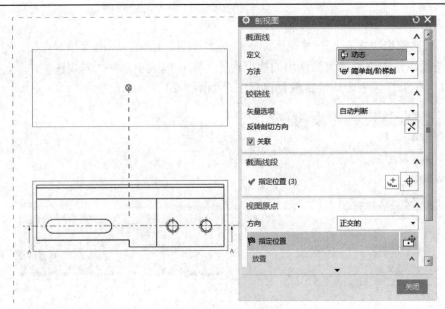

图 7-22　创建剖视图

(4) 先选择剖视图，然后依次单击"主页"→"视图"→"投影视图"按钮，弹出"投影视图"对话框，图纸中即出现投影视图，将其拖动到合适位置即可，如图 7-23 所示。

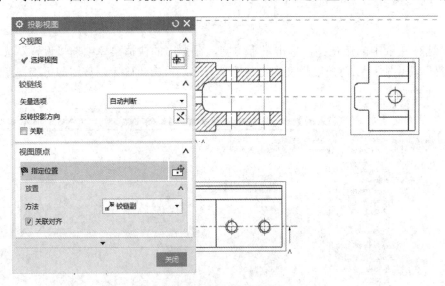

图 7-23　创建投影视图

3) 标注线性尺寸

(1) 依次单击"主页"→"尺寸"→"快速"按钮，弹出"快速尺寸"对话框；在工作区中选择螺纹孔的两个竖直线，在"测量"下拉列表中选择"水平"；放置尺寸后双击该尺寸，打开"文本编辑器"对话框；在文本框中输入"4xM"，在后文本框中输入"-6H"，单击"确定"按钮，然后放置尺寸线到合适位置即可，如图 7-24 所示。

(2) 依次单击"主页"→"尺寸"→"快速"按钮，弹出"快速尺寸"对话框；在工作区中选择底座套筒外表面，在"测量"下拉列表中选择"竖直"；放置尺寸后双击该尺寸，打开"文本编辑器"对话框；在对话框尺寸后面的文本框中输入"h6"，单击"确定"
按钮，然后放置尺寸线到合适位置即可，如图 7-25 所示。

图 7-24　标注螺纹孔尺寸

图 7-25　标注竖直尺寸

(3) 按照同样的方法，标注其他的水平尺寸和竖直尺寸，效果如图 7-26 所示。

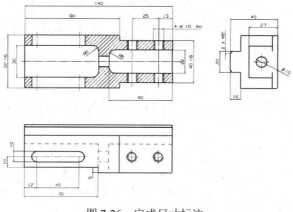

图 7-26　完成尺寸标注

(4) 依次单击"主页"→"尺寸"→"倒斜角"按钮,弹出"倒斜角尺寸"对话框;在工作区中选择倒角的斜边,放置尺寸线到合适位置即可,如图 7-27 所示。

4) 标注圆和圆弧尺寸

(1) 依次单击"主页"→"尺寸"→"半径尺寸"选项,弹出"半径尺寸"对话框;在工作区中选择侧板和筋板的圆角,放置半径尺寸线到合适位置即可,如图 7-28 所示。

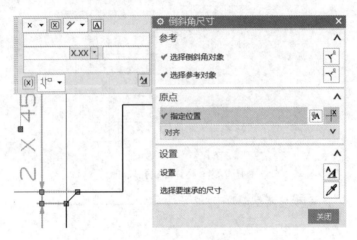

图 7-27　标注倒斜角尺寸

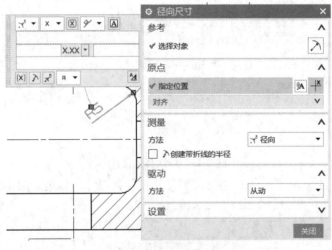

图 7-28　标注半径尺寸

(2) 依次单击"主页"→"尺寸"→"直径尺寸"选项,弹出"径向尺寸"对话框;在工作区中选择中间的孔,放置直径尺寸线到合适位置即可,如图 7-29 所示。

5) 标注形位公差

(1) 依次单击"主页"→"注释"→"基准特征符号"按钮,弹出"基准特征符号"对话框;在"基准标识符"选项组的"字母"文本框中输入"A",单击"指引线"选项组中类型下拉列表中的"基准"选项;选择工作区中滑槽板的竖直尺寸线,最后放置基准特征符号到合适位置即可,如图 7-30 所示。

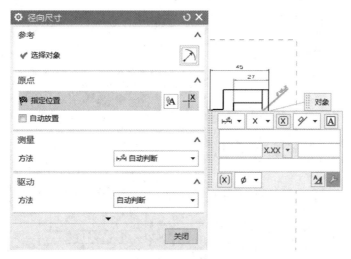

图 7-29　标注直径尺寸

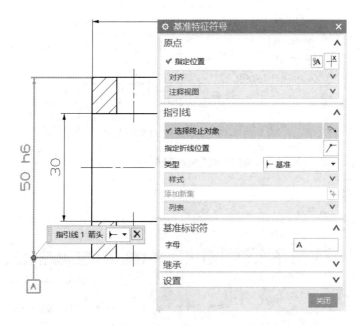

图 7-30　标注基准特征符号

(2) 依次单击"主页"→"注释"按钮,弹出"注释"对话框;在"符号"选项组的"类别"下拉列表中选择"形位公差"选项,再单击对话框中的 ⊞ 按钮,在"文本输入"文本框中输入"0.03",按照如图 7-31 所示的方法标注平行度形位公差。

6) 标注表面粗糙度

(1) 依次单击"主页"→"注释""表面粗糙度符号",打"表面粗糙度"对话框;在"除料"中选"修饰符,需要除料","切除(f1)"文本框中输入"Ra3.2",在"设置"选项组中单击"设置"按钮,在弹出的"表面粗糙度设置"对话框中设置"文字高度"为2.5;选择工作区中固定杆外侧表面,再放置表面粗糙度即可,创建方法如图 7-32 所示。

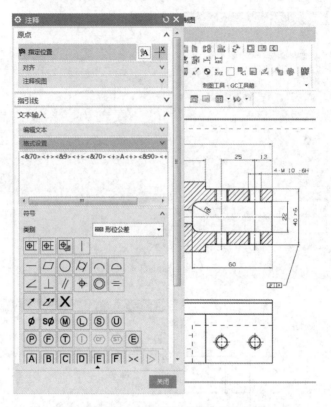

图 7-31　标注平行度形位公差

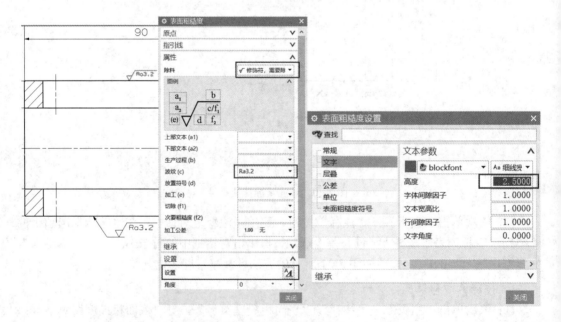

图 7-32　标注表面粗糙度

(2) 按照同样的方法设置"表面粗糙度符号"对话框各参数，选择合适的放置类型和线类型创建其他的表面粗糙度，最后效果如图 7-33 所示。

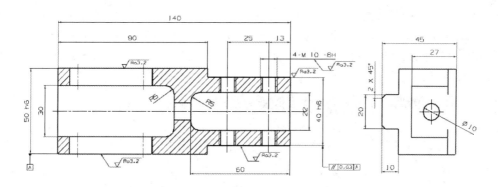

图 7-33　标注表面粗糙度效果

7) 插入并编辑表格

(1) 依次单击"主页"→"表"→"表格注释"按钮，工作区中的光标即会显示为矩形框，选择工作区右下角放置表格即可，创建方法如图 7-34 所示。

(2) 选中表格的第一个单元格，按住鼠标左键拖动到第二行第二列所在的单元格，选中的表格为橘红色高亮显示；再单击鼠标右键，选择"合并单元格"。采用同样方法合并其他单元格，最终效果如图 7-35 所示。

图 7-34　插入表格

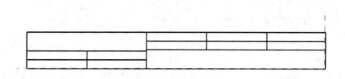

图 7-35　合并单元格

8) 添加文本注释

(1) 依次单击"主页"→"注释"→"注释"，弹出"注释"对话框；在"文本输入"文本框中输入如图 7-36 所示的注释文字，添加工程图相关的技术要求。

(2) 依次单击"主页"→"编辑设置"按钮，弹出"类选择"对话框；选择上一步添加的注释文字，单击"确定"按钮，如图 7-37 所示。

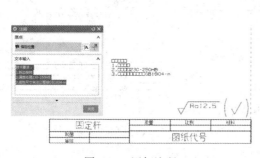

图 7-36　添加注释

图 7-37　选择编辑样式

(3) 在弹出的"设置"对话框中设置字符大小为"5",选择文字字体下拉列表中的"chinesef"选项,单击"确定"按钮,即可将方框文字显示为汉字,如图 7-38 所示。

(4) 重复上述步骤,添加其他文本注释;在"设置"对话框中设置合适的字符大小,选中注释文字并将其移动到合适位置,效果如图 7-39 所示。

图 7-38　编辑注释样式

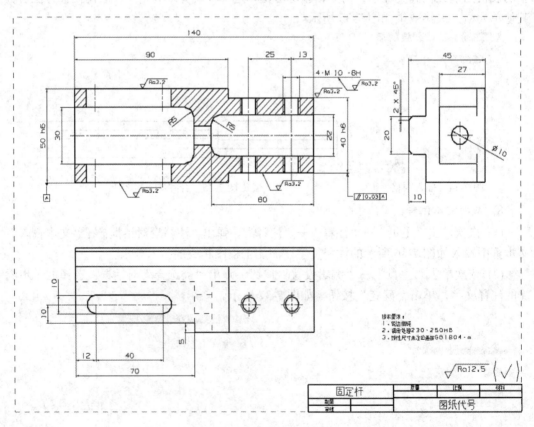

图 7-39　添加文本注释效果

9) 保存文件

单击"保存"图标，在"保存对象"对话框中单击"确定"按钮,完成保存。

3. 绘制一个调整架工程图，如图 7-40 所示。该调整架由螺栓板、轴孔座、连接板等组成。要求：工程图图纸大小为 A2，绘图比例为 2∶1。

绘制思路：在绘制该实例工程图时，可以先创建基本视图，再将基本视图向下投影得到旋转投影视图，接着添加水平、垂直、竖直、半径、直径、角度等尺寸，以及添加形位公差和表面粗糙度。最后，添加注释文本和图纸标题栏，即完成该调整架工程图的绘制。

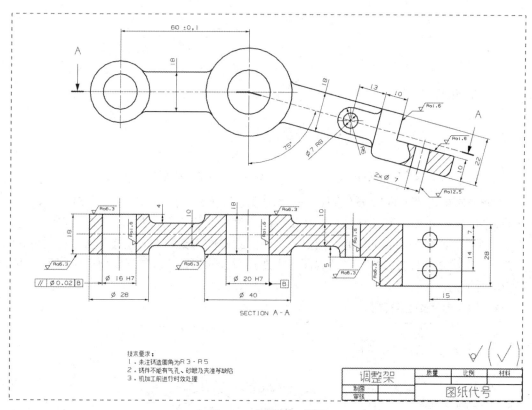

图 7-40 调整架工程图

操作步骤如下：

1) 新建图纸页

(1) 打开素材文件，依次单击“应用模块”→“设计”→“制图”按钮，进入制图模块。

(2) 依次单击“主页”→“新建图纸页”按钮，弹出“工作表”对话框；在“大小”选项组的“大小”下拉列表中选择“A2-420×594”选项，其余保持默认设置，如图 7-41 所示。

2) 添加视图

绘制调整架
工程图

(1) 依次单击“主页”→“视图”→“基本视图”按钮，弹出“基本视图”对话框；在“模型视图”选项组的“要使用的模型视图”下拉列表中选择“前视图”，设置比例为 2∶1，在工作区中的合适位置放置俯视图，如图 7-42 所示。

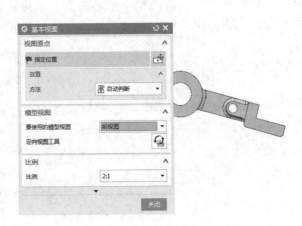

图 7-41　"工作表"对话框　　　　　图 7-42　创建基本视图

(2) 依次单击"主页"→"视图"→"剖视图"按钮，弹出"剖视图"对话框，具体设置如图 7-43(a)所示；在工作区中选择步骤(1)创建的基本视图，然后依次在该视图中选择中心大圆的圆心作为旋转的中心、指定左侧圆的圆心作为支线 1 的位置、指定右侧小圆的圆心作为支线 2 的位置；最后在该视图下方选择适合的位置，放置旋转剖视图即可，如图 7-43(b)所示。

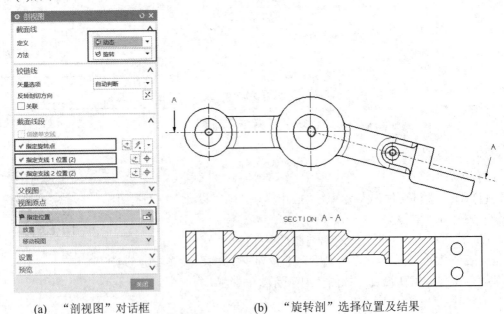

(a)　"剖视图"对话框　　　　　　(b)　"旋转剖"选择位置及结果

图 7-43　创建旋转剖视图

(3) 在图纸中选择前述步骤(1)创建的基本视图，单击鼠标右键，在弹出的快捷菜单中选择"活动草图视图"选项，创建方法如图 7-44 所示。

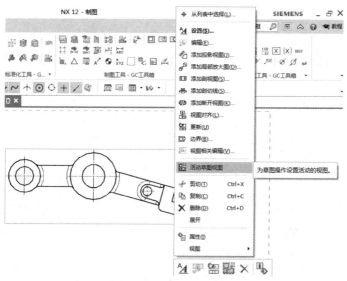

图 7-44 创建活动草图视图

(4) 依次单击"主页"→"直接草图"→"艺术样条"按钮,弹出"艺术样条"对话框;设置阶次为 3,点选"封闭"单选按钮,在扩展视图中绘制包络孔在内的封闭曲线,如图 7-45(a)所示;单击"主页"→"视图"→"局部剖"按钮 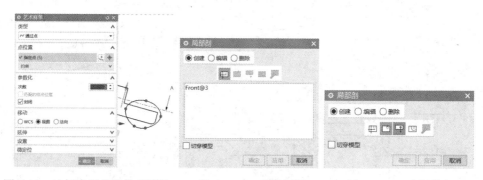,弹出"局部剖"对话框,如图 7-45(b)所示;在其中点选"创建"复选框,根据提示先选择生成局部剖的视图(选择步骤(1)创建的前视图),对话框变为图 7-45(c);接着在下方的剖视图中选择最右侧圆的圆心作为基点,对话框变为图 7-45(d),这里采用如图中所示自动判断的拉伸矢量;根据提示,选择曲线时选择样条线,对话框变为图 7-45(e),单击"应用"按钮,完成对调整架进行局部剖,如图 7-45(e)所示。

图 7-45 (a)创建艺术样条对话框　　图 7-45 (b)选择视图　　图 7-45 (c)选择基点

图 7-45 (d)指出拉伸矢量　　　　图 7-45 (e)选择曲线及局部剖结果

图 7-45 创建局部剖视图

3）标注尺寸

（1）依次单击"主页"→"尺寸"→"快速"接钮，弹出"快速尺寸"对话框；依次点选"设置"→"快速尺寸设置"→"公差"，设置参数；放置尺寸线到合适位置即可，如图 7-46 所示。

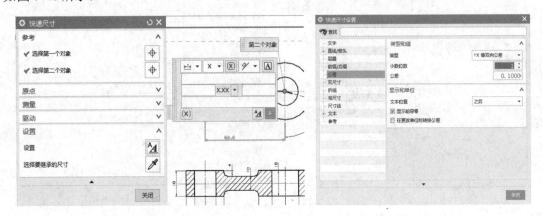

图 7-46　快速尺寸对话框

（2）采用上节标注尺寸方法，依次选择"水平""竖直""垂直""角度""半径""直径"等尺寸标注工具标注其他尺寸，效果如图 7-47 所示。

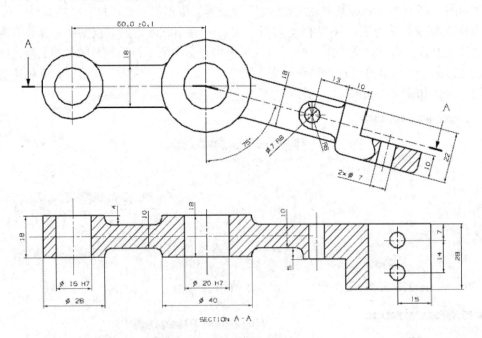

图 7-47　标注尺寸完成效果图

4）标注形位公差

（1）依次单击"主页"→"注释"→"基准特征符号"按钮，弹出"基准特征符号"对话框；在"基准标识符"选项组的"字母"文本框中输入"B"，单击"指引线"选项组中的按钮；选择工作区中上端套筒尺寸线，放置基准特征符号到合适位置。如图 7-48 所示。

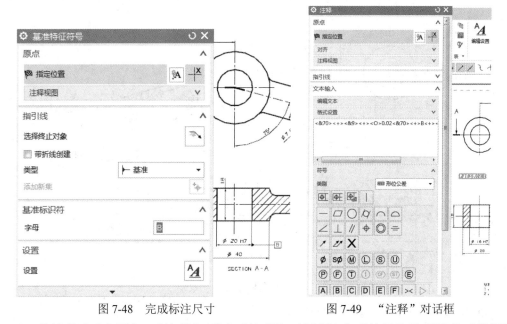

图 7-48 完成标注尺寸　　　　　　图 7-49 "注释"对话框

(2) 依次单击"主页"→"注释",弹出"注释"对话框;在"符号"选项组的"类别"下拉列表中选择"形位公差",依次单击对话框中的"类别"按钮,在"文本输入"文本框中输入"0.02",按照如图 7-49 所示的方法标注平行度形位公差。

5) 标注表面粗糙度

(1) 依次单击"主页"→"注释"→"表面粗糙度符号",弹出"表面粗糙度"对话框;在"除料"中选择"修饰符,需要除料",在"切除(f1)"文本框中输入"Ra6.3",在"样式"中设置"字符大小"为 2.5;选择工作区中轴孔座的端面,放置表面粗糙度即可。其创建方法如图 7-50 所示。

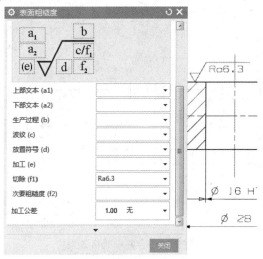

图 7-50 表面粗糙度设置

(2) 按照同样的方法设置"表面粗糙度符号"对话框各参数,选择合适的放置类型和指引线类型创建其他的表面粗糙度,最后效果如图 7-51 所示。

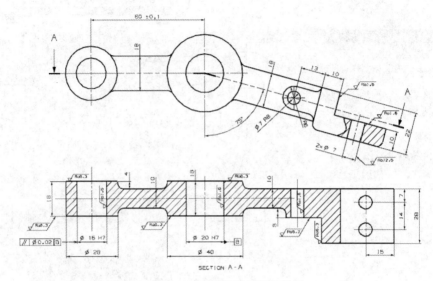

图 7-51　表面粗糙度标注效果

6) 插入并编辑表格

(1) 依次单击"主页"→"表"→"表格注释"按钮，工作区中的光标即会显示为矩形框，选择工作区右下角放置表格即可。

(2) 选中表格的第一个单元格，按住鼠标左键拖动到第二行第二列所在的单元格，选中的表格为橘红色高亮显示，单击鼠标右键，选择"合并单元格"选项，如图 7-52 所示。

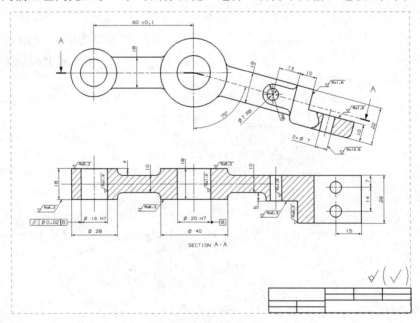

图 7-52　合并单元格效果

7) 添加文本注释

(1) 依次单击"主页"→"注释"，弹出"注释"对话框，在"文本输入"文本框中输入工程图相关的技术要求，如图 7-53 所示。

(2) 依次单击"主页"→"编辑设置"按钮，弹出"类选择"对话框，如图 7-54 所示；"选择对象"为步骤(1)添加的文本内容，在弹出的"设置"对话框中设置字符大小为 5，选择文字字体下拉列表中的"chinesef"选项；单击"确定"按钮，即可将方框文字显示为汉字，如图 7-55 所示。

图 7-53 注释对话框　　　　　　　图 7-54 完成标注尺寸

图 7-55 编辑设置对话框

(3) 重复上述步骤，添加其他文本注释，在"设置"对话框中设置合适的字符大小，选中注释内容移动到合适位置，最终效果如图 7-56 所示。

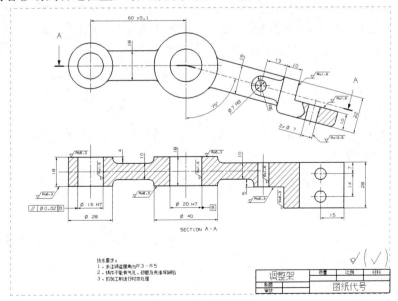

图 7-56 注释效果图

8) 保存文件

单击"保存"图标🖫，在"保存对象"对话框中单击"确定"按钮，完成保存。

4. 绘制一个阶梯轴工程图，如图 7-57 所示。该阶梯轴由轴段、键槽、退刀、倒角等组成，两端的轴段有圆度公差要求。要求：工程图图纸大小为 A2，绘图比例为 2∶1。

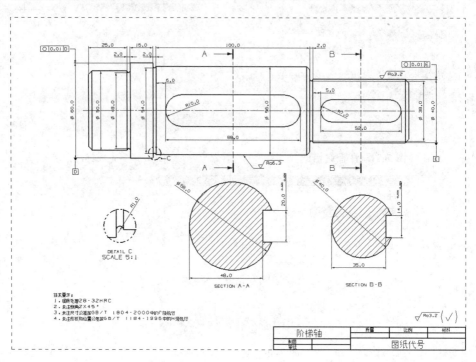

图 7-57　阶梯轴工程图

绘制思路：在绘制该工程图时，可以先创建一个基本视图；再对关键的轴段投影全剖视图，对于全剖视图上多余的线段，可以通过"视图相关编辑"工具将其擦除，退刀槽通过放大视图表达其结构，添加水平、竖直、直径、半径等尺寸，以及添加形位公差和表面粗糙度；最后，添加注释文本和图纸标题栏，即完成该阶梯轴工程图的绘制。

绘制阶梯轴
工程图

操作步骤如下：

1) 新建图纸页

(1) 打开素材文件，依次单击"应用模块"→"设计"→"制图"按钮，进入制图模块。

(2) 单击"主页"→"新建图纸页"按钮，弹出"工作表"对话框；在"大小"选项组中的"大小"下拉列表中选择"A2-420×594"选项，其余保持默认设置，如图 7-58 所示。

2) 添加视图

(1) 依次单击"主页"→"视图"→"基本视图"按钮，弹出"基本视图"对话框；在"模型视图"选项组中的"要使用的模型视图"下拉列表中选择"右视图"，设置比例为 2∶1；在工作区合适位置放置俯视图，如图 7-59 所示。

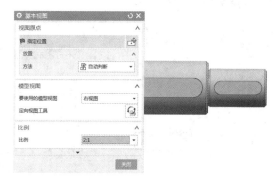

图 7-58 工作表设置　　　　　　　图 7-59 基本视图设置

(2) 单击"主页"→"视图"→"局部放大图"按钮,弹出"局部放大图"对话框;在工作区中选择退刀槽圆弧的中心为局部视图中心,设置放大比例为 5:1;拖动鼠标放置视图到合适位置即可,如图 7-60 所示。

(3) 单击"主页"→"视图"→"剖视图"按钮,弹出"剖视图"对话框;在"定义"下拉列表中选择"动态",在"方法"下拉列表中选择"简单剖/阶梯剖";在视图中选择键槽侧面边缘线中心,用鼠标向左拖动视图放置到空白处,然后拖动视图到主视图的下方,如图 7-61 所示。

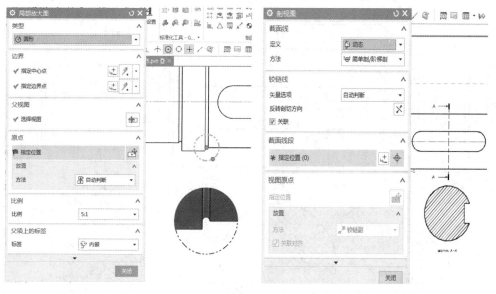

图 7-60 局部放大图设置　　　　　　图 7-61 剖视图设置

3) 标注尺寸

(1) 单击"主页"→"尺寸"→"快速"按钮,弹出"快速尺寸"对话框,如图 7-62(a)所示;在工作区中选择键槽的上下侧面,在"测量"下拉列表中选择"竖直",单击下方

"设置"按钮，弹出"快速尺寸设置"对话框，如图 7-62(b)所示；在该对话框中选择"公差"下拉列表中的"双向公差"选项，在对话框中设置公差的"上限"和"下限"值；单击"确定"按钮，放置尺寸线到合适位置即可，如图 7-62(b)所示。

   (a)"快速尺寸"对话框   (b)"快速尺寸设置"对话框

图 7-62 标注尺寸

  (2) 采用第 3 题中标注尺寸的方法，选择"水平""竖直""垂直""半径""直径"等尺寸标注工具标注其他尺寸，最终效果如图 7-63 所示。

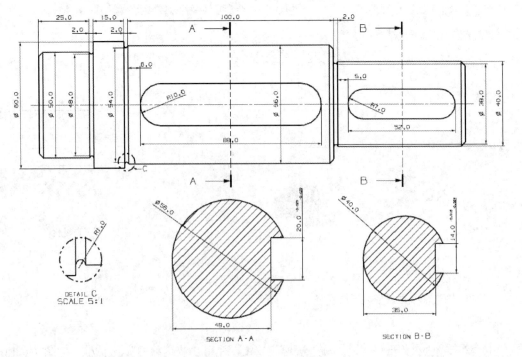

图 7-63 尺寸标注效果图

4) 标注形位公差

(1) 依次单击"主页"→"注释"→"基准特征符号",弹出"基准特征符号"对话框；在"基准标识符"选项组的"字母"文本框中输入"E",单击"指引线"选项组；选择工作区中上轴端面的尺寸线,放置基准特征符号到合适位置。如图 7-64 所示。

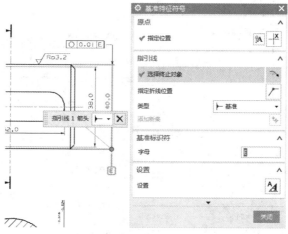

图 7-64 基准特征符号对话框

(2) 依次单击"主页"→"注释"按钮,弹出"注释"对话框；在"符号"选项组的"类别"下拉列表中选择"形位公差"选项；依次单击对话框中的类别按钮⊕、"插入圆度"按钮〇,在"文本输入"文本框中输入 0.01,之后在视图中选择放置位置后,即可标注出如图 7-65 所示的圆度形位公差。

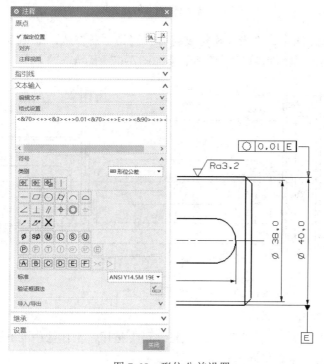

图 7-65 形位公差设置

5）标注表面粗糙度

（1）依次单击"主页"→"注释"→"表面粗糙度符号"按钮，打开"表面粗糙度"对话框；在"除料"中选择"修饰符，需要除料"选项，在"切除(f1)"文本框中输入 Ra6.3，在"样式"中设置"字符大小"为 2.5；选择工作区中套筒端面，放置表面粗糙度即可。其创建方法如图 7-66 所示。

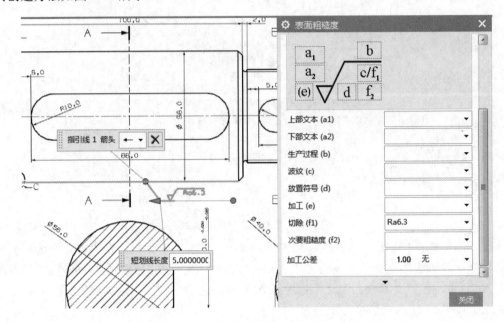

图 7-66　表面粗糙度创建方法

（2）按照同样的方法设置"表面粗糙度符号"对话框各参数，选择合适的放置类型和指引线类型创建其他的表面粗糙度，最终效果如图 7-67 所示。

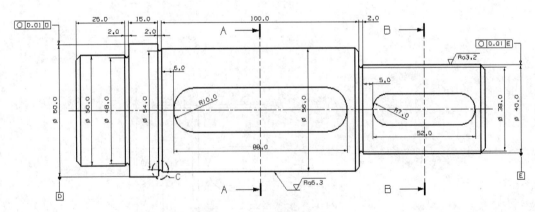

图 7-67　表面粗糙度标注

6）插入并编辑表格

（1）依次单击"主页"→"表"→"表格注释"按钮，工作区中的光标即会显示为矩形框，选择工作区右下角表格即可。

（2）此处略，采用第 3 题创建表格方法，得到最终合并效果，如图 7-68 所示。

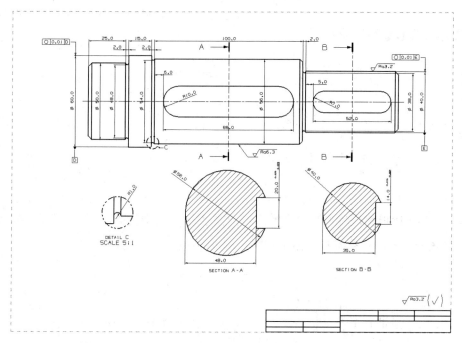

图 7-68　合并单元格效果

7) 添加文本注释

(1) 单击"主页"→"注释",弹出"注释"对话框,在"文本输入"文本框中输入如图 7-69 所示的注释文字,添加工程图相关的技术要求。

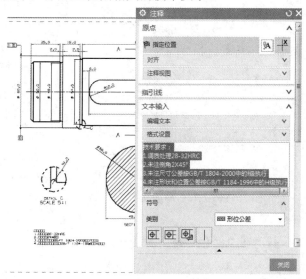

图 7-69　添加注释

(2) 单击"主页"→"编辑设置"接钮,弹出"类选择"对话框,选中步骤(1) 添加的文本,单击"确定"按钮,如图 7-70 所示。

(3) 在弹出的"设置"对话框中设置字符大小为"5",选择文字字体下拉列表中的"chinesef"选项,单击"确定"按钮,即可将方框文字显示为汉字,如图 7-71 所示。

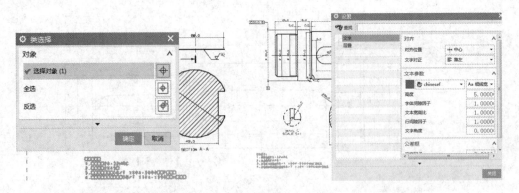

图 7-70　类选择对话框　　　　　　　　　图 7-71　设置文字显示

　　(4) 重复上述步骤，添加其他文本注释，在"设置"对话框中设置合适的字符大小，选中注释文本移动到合适位置，效果如图 7-72 所示。

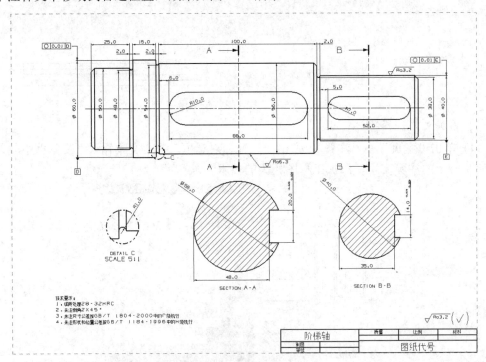

图 7-72　添加文本注释效果

　　8) 保存文件

　　单击"保存"图标，在"保存对象"对话框中单击"确定"按钮，完成保存。

四、思政小课堂

　　本项目课程思政内容设计围绕标准工程图绘制进行学习，引入中国青年"五四"奖章获得者、全国技术能手的陕西工业职业技术学院优秀毕业生何小虎，凭着一股肯钻研的"倔"劲和对产品精益求精的追求，一步步成长为"火箭心脏钻刻师"的事迹，激励学生向榜样学习，不断增强爱国之情、报国之志、强国之行。

项目八 模 具 设 计

一、学习目的

　　UG 中注塑模具的设计有两种方式：一种是在建模方式下进行，一种是借助 moldwizard 进行。本项目主要讲解在 UG 建模方式下如何进行注塑模具设计。

二、知识点

　　(1) 注塑模具设计初步设置。具体包括三个方面的内容：拔模斜度分析、设置产品收缩率、产品位置调整。

　　(2) 型腔布局与工件设计。通过型腔布局操作可以实现一模多腔设计，创建工件为后续分型作好准备。

　　(3) 分型面的创建。分型面是用来分割工件的片体，其创建方法有很多。需要根据产品结构创建曲面补片、主分型面，有侧抽芯的还要创建侧抽分型面。

　　(4) 型腔和型芯的设计。利用创建好的分型面分割工件获得型腔、型芯、侧型芯等。

三、练习题参考答案

　　1. 针对图 8-1 所示产品模型，进行注塑模具型腔、型芯、侧抽芯设计。

型腔、型芯、
侧抽芯设计

图 8-1　产品模型

　　绘图步骤如下：

　　1) 模具设计初步设置

　　(1) 拔模斜度分析。依次单击页面左上角"菜单"→"分析"→"形状"→"斜率"命令，框选产品，选择+Z 方向作为拔模方向，将拔模斜度最小值和最大值分别设置为-0.1

和 0.1，拔模斜率分析结果如图 8-2 所示。单击"取消"按钮，关闭"斜率分析"对话框。

（2）产品位置调整。本题是做一模一腔设计，因此外侧抽芯应沿着 X 轴进行布置。利用"工具"→"移动对象"命令，完成产品位置的调整，如图 8-3 所示。

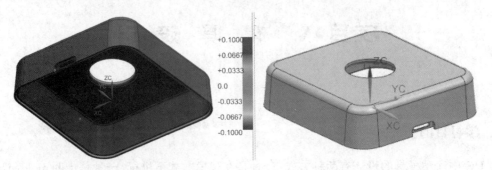

图 8-2　斜率分析结果　　　　　　　　　　图 8-3　调整位置后的产品

（3）设置收缩率。单击"主页"下特征工具条中的"偏置/缩放"→"缩放体"命令，"比例因子"设置为 1.005，完成产品的缩放，并移除参数。

2）分型面的创建

（1）曲面补片。利用"注塑模向导"下"分型刀具"工具栏中的"曲面补片" ◈ 命令，完成产品上一个中心孔和一个侧孔的修补，如图 8-4 所示。

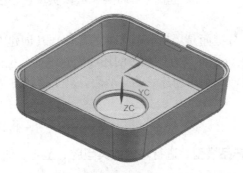

图 8-4　修补孔

（2）主分型面的创建。利用"主页"下的"草图" 🔲 按钮，绘制如图 8-5 所示的截面；在"曲面"工具条中单击"有界平面"命令，创建如图 8-6 所示的有界平面。

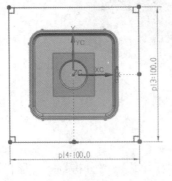

图 8-5　草绘截面　　　　　　　　　　图 8-6　创建好的有界平面

通过"拉伸"命令创建片体，填补侧抽芯区域的孔，如图 8-7 所示。

3) 工件的创建

利用"拉伸"命令，创建 Z 轴正向为 35，Z 轴负向为-25 的工件，并修改为透明，如图 8-8 所示。

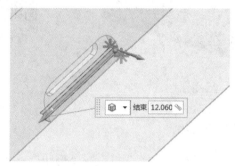

图 8-7　修补破孔区域

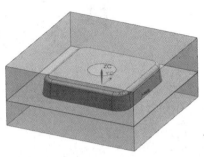

图 8-8　透明显示的工件

4) 型腔、型芯设计

利用 (减去)按钮，对工件与产品求差，并移除参数；利用"拆分体" 命令完成对工件的拆分，并移除参数。得到的型腔和型芯分别如图 8-9 和 8-10 所示。

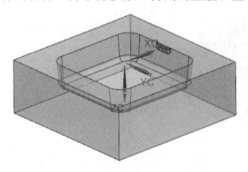

图 8-9　型腔

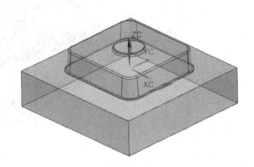

图 8-10　型芯

5) 侧型芯的拆分

利用"拉伸"命令，创建如图 8-11 所示的曲面作为侧型芯分型面；再利用"拆分体" 命令，完成对型腔的进一步拆分，得到侧型芯。移除一下参数，得到的侧型芯分别如图 8-12 所示。

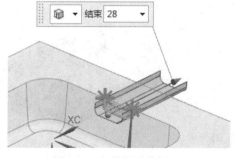

图 8-11　拉伸创建曲面

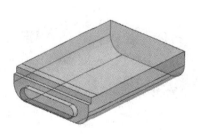

图 8-12　侧型芯

2. 针对图 8-13 所示产品模型，拆分型腔和型芯。

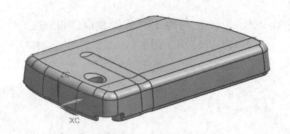

拆分型腔
和型芯

图 8-13　产品模型

绘图操作步骤如下：

1）模具设计初步设置

（1）拔模斜度分析。依次单击页面左上角"菜单"→"分析"→"形状"→"斜率"命令，框选产品，选中其所有内外表面，再选择+Z 方向作为拔模方向，拔模范围为−0.1～0.1，进行拔模斜率分析，如图 8-14 所示。单击"取消"按钮，关闭"斜率分析"对话框。

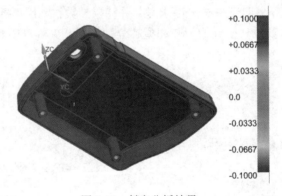

图 8-14　斜率分析结果

（2）产品位置调整。本题是做一模一腔设计，产品位置调整过程可参考教材实例 43 的操作步骤。重要的步骤如下：利用"注塑模向导"下的"包容体"命令创建零间隙包容块，如图 8-15 所示；连接包容块的两个对角点插入直线，如图 8-16 所示；最后通过将产品从插入直线的中点移动到坐标原点，完成产品位置的调整，使其满足分型需要，如图 8-17所示。

移除参数并删除包容体、直线等。

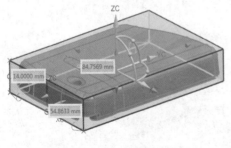
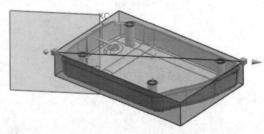

图 8-15　创建包容块　　　　　　　　图 8-16　创建好的包容块

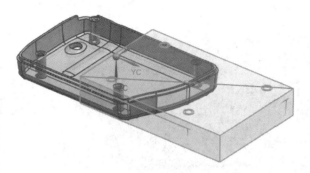

图 8-17　调整位置后的产品

(3) 设置收缩率。单击"主页"下特征工具条中的"偏置/缩放"→"缩放体"命令，"比例因子"设置为 1.0045，完成产品的缩放，并移除参数。

2) 分型面的创建

(1) 创建补孔箱体。

① 将操作页面切换到"注塑模向导"，在"注塑模工具"工具条中，单击"包容体" ██按钮，弹出"包容体"对话框；"类型"接受默认设置"块"，确认"面规则"工具条中为"单个面"，确认"体规则"工具条中为"单个体"；点选产品上如图 8-18 所示的面，先将各个方向统一偏置 1 mm，之后将+Z 向偏置 25 mm，将-Z 向偏置 2 mm，系统则自动生成如图 8-19 所示的包容块；单击"确定"按钮，关闭"包容体"对话框。

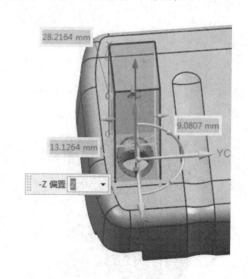

图 8-18　选择面　　　　　　　　　　　　图 8-19　创建补孔箱体

② 单击"主页"下特征工具条中的"插入"→"同步建模"→"替换面"命令，弹出"替换面"对话框；选择刚创建的补孔箱体的-Z 向表面作为原始面，选择产品内表平面作为替换面，如图 8-20 所示；单击"确定"按钮，完成操作，并移除参数。

③ 单击"主页"下特征工具条中的"减去"命令，进行布尔减运算；选择补孔箱体作为目标体，选择产品作为攻具体，并在"设置"选项下勾选"保存工具体"；单击"确定"按钮，移除一下参数，则最终得到的补孔箱体如图 8-21 所示。

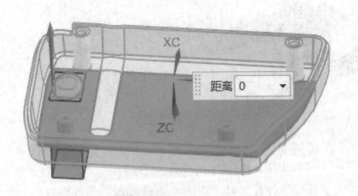

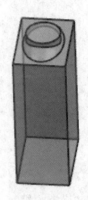

图 8-20　选择面　　　　　　　　　　　　图 8-21 最终得到的补孔箱体

(2) 创建枕位箱体。

① 将操作页面再次切换到"注塑模向导"，在"注塑模工具"工具条中，单击"包容体" 按钮，弹出"包容体"对话框；"类型"接受默认设置"块"，确认"面规则"工具条中为"单个面"，确认"体规则"工具条中为"单个体"；点选产品上如图 8-22 所示的面，先将各个方向统一偏置 1 mm，之后将 + X、- Y 两个方向分别偏置 5 mm，将 + Z 向偏置 25 mm，则系统自动生成如图 8-23 所示的包容块；单击"确定"按钮，关闭"包容体"对话框。

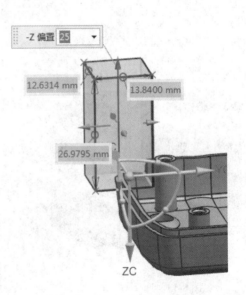

图 8-22　选择面　　　　　　　　　　　图 8-23　创建枕位箱体

② 单击"主页"下特征工具条中的"减去"命令，进行布尔减运算；选择补孔箱体作为目标体，选择产品作为工具体，并在"设置"选项下勾选"保存工具体"；单击"确定"按钮，移除一下参数，则得到的枕位箱体如图 8-24 所示。

③ 利用"主页"下特征工具条中的"插入"→"同步建模"→"替换面"命令，将刚创建的枕位箱体的顶面和两个侧面分别进行替换面操作，得到的枕位箱体如图 8-25 所

示；单击"确定"按钮，移除参数。

④ 利用"拉伸"命令，选择图 8-26 所示的圆弧边，以+XC 方向进行拉伸，得到一个圆弧面，另一侧以-YC 方向进行拉伸，同样得到一个圆弧面，如图 8-27 所示。

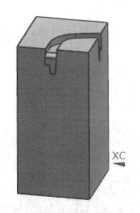

图 8-24　切除后的枕位箱体　　　　图 8-25　替换顶面和两侧面后的枕位箱体

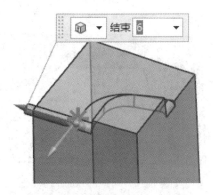

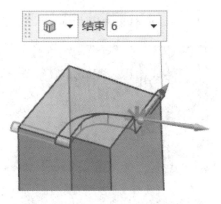

图 8-26　选择圆弧边拉伸　　　　图 8-27　拉伸得到两个圆弧面

⑤ 利用"主页"下特征工具栏中的"修剪体"命令，用刚创建好的两个圆弧面修剪枕位箱体的两个棱角，再移除一下参数，删除两个圆弧面，则得到最终的枕位箱体如图 8-28 所示。

图 8-28　最终得到的枕位箱体

(3) 创建主分型面。

① 单击左上角"菜单"下的"插入"→"关联复制"→"抽取几何特征"按钮，弹出"抽取几何特征"对话框；将"类型"选择为"面"，然后选取产品下端面，如图 8-29 所示； 单击"确定"按钮，完成操作。

② 单击"菜单"下的"插入"→"修剪"→"取消修剪"按钮，选择刚抽取的产品下端面，完成后，如图 8-30 所示。

③ 将其与产品和枕位箱体求差，移除参数后，如图 8-31 所示。

④ 删除不必要的部分，留下部分作为后续拆分的主分型面，如图 8-32 所示。

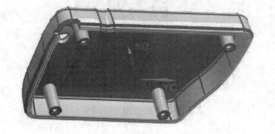
图 8-29　抽取产品下端面

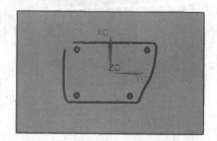
图 8-30　取消修剪

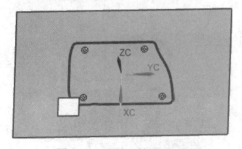
图 8-31　求差后的分型面

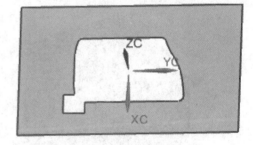
图 8-32　最终得到的主分型面

3) 创建工件

利用"拉伸"命令，创建长、宽分别为 140、100，Z 轴正向为 35，Z 轴负向为-25 的工件，并修改为透明，如图 8-33 所示。

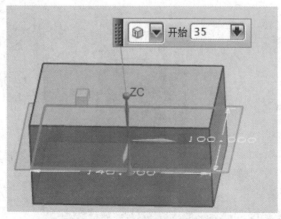
图 8-33　创建工件

4) 拆分型腔、型芯

(1) 利用"减去"🔲按钮对工件与产品、补孔箱体和枕位箱体求差，勾选"保存工具体"选项，并移除一下参数，得到的工件如图 8-34 所示。

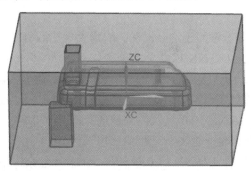

图 8-34　求差后的工件

(2) 依次单击"插入"→"修剪"→"拆分体"命令，完成对工件的拆分；移除一下参数，并隐藏主分型面，可得到的型腔和型芯，分别如图 8-35 和 8-36 所示。

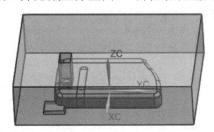
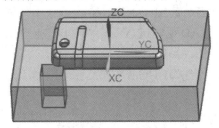

图 8-35　型腔　　　　　　　　　　　　　图 8-36　型芯

(3) 单击"合并"命令，将型腔与补孔箱体合并，将型芯与枕位箱体合并，移除一下参数，得到最终的型腔(之前的补孔箱体+Z 向偏置尺寸大了，导致其高出型腔顶面，可以将其顶面替换至型腔顶面)和型芯，分别如图 8-37 和 8-38 所示。

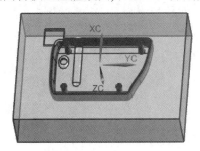
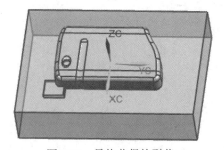

图 8-37　最终获得的型腔　　　　　　　　图 8-38　最终获得的型芯

四、思政小课堂

本项目课程思政内容设计围绕模具设计进行教学，回顾在我国制造业发展历程中，一代代科学家甘于寂寞、坚守信念，坚持国家利益高于一切的崇高情怀，接续奋斗，帮助国家实现了制造业的腾飞，切实强化学生为国奋斗的理想信念，形成历练本领、报效祖国的行动自觉。

参 考 文 献

[1]　陈志民. UG NX 10 完全学习手册. 北京：清华大学出版社，2015.

[2]　郭晓霞，周建安，等. UG NX 12.0 全实例教程. 北京：机械工业出版社，2020.

[3]　钟日铭，等. UG NX 10 完全自学手册. 北京：机械工业出版社，2015.

[4]　设计之门老黄. 中文版 UG NX 10.0 完全实战技术手册. 北京：清华大学出版社，2015.

[5]　杜鹃. 新手案例学 UG NX 10.0 从入门到精通. 北京：机械工业出版社，2015.

[6]　郝利剑. UG NX 10 基础技能课训. 北京：电子工业出版社，2016.

[7]　北京兆迪科技有限公司. UG NX 12.0 模具设计教程. 北京：机械工业出版社，2019.

[8]　黄开旺. 注塑模具设计实例教程. 2 版. 大连：大连理工大学出版社，2009.

[9]　全国职业院校技能大赛模具赛项组委会. 模具数字化设计与制造工艺赛项样题库. 2017.

[10]　高雨辰. UG NX 10.0 三维数字化辅助产品设计. 北京：清华大学出版社，2018.

[11]　CAD/CAM/CAE 技术联盟. UG NX 10.0 中文版从入门到精通. 北京：清华大学出版社，2016.

[12]　槐创峰. UG NX 10.0 完全自学手册. 北京：人民邮电出版社，2016.